苏州市社科规划课题

# 苏州平江历史文化街区管理和发展研究

顾秀梅　胡金华　著

苏州大学出版社

**图书在版编目(CIP)数据**

苏州平江历史文化街区管理和发展研究/顾秀梅,胡金华著. —苏州:苏州大学出版社,2015.8
苏州市社科规划课题
ISBN 978-7-5672-1341-8

Ⅰ.①苏… Ⅱ.①顾…②胡… Ⅲ.①商业街-城市规划-研究-苏州市 Ⅳ.①TU984.13

中国版本图书馆 CIP 数据核字(2015)第124691号

**书　　名**:苏州平江历史文化街区管理和发展研究

**作　　者**:顾秀梅　胡金华　著
**责任编辑**:倪浩文
**策划编辑**:汤定军
**装帧设计**:吴　钰

**出版发行**:苏州大学出版社(Soochow University Press)
**社　　址**:苏州市十梓街1号　**邮编**:215006
**印　　装**:南通印刷总厂有限公司
**网　　址**:www.sudapress.com
**E - mail**:tangdingjun@suda.edu.cn
**邮购热线**:0512-67480030
**销售热线**:0512-65225020

**开　　本**:700mm×1000mm　1/16　**印张**:9.25　**字数**:105千
**版　　次**:2015年8月第1版
**印　　次**:2015年8月第1次印刷
**书　　号**:ISBN 978-7-5672-1341-8
**定　　价**:38.00元

# 序 言

对苏州平江历史文化街区的保护、管理、发展的研究,是学术和实践、历史和未来、体制和机制、文化和城建、经济和创业、商旅和民生等紧密结合的综合工程,是一项传承历史、造福当代、惠泽后人的极为有意义的工作。

2014 年 6 月 22 日,中国大运河申遗成功。苏州作为大运河重要节点城市,共有 4 条运河故道和 7 个点段被列入世界文化遗产名录,其中包含平江历史文化街区和街区范围内的全晋会馆。平江历史文化街区作为苏州古城历史街区的代表,还获得了 2005 年联合国亚太文化遗产保护荣誉奖,并被列为中国十大历史文化名街之一。

平江历史文化街区位于苏州古城东北,面积约 1.165 平方千米。距今已有 2500 多年的历史,是苏州迄今保存最完整、规模最大的历史街区,仍然基本保持着苏州古城"水陆并行、河街相邻"的双棋盘格局和"小桥流水、粉墙黛瓦"的江南民居风貌,并积淀了极为丰富的历史遗存和人文景观。街区范围内还有世界文化遗产"耦园"(亚太世界遗产培训与研究中心)、人类口述和非物质文化遗产代表作昆曲的展示区"中国昆曲博物馆",以及省市级文物古迹多处,古城街区景观风貌基本保持原样。作为中华民族文化重要的地域,吴文化在此熠熠生辉。历史上,许多文人雅士、达官贵人曾在此生活,现住居民在一定程度上还保持着吴地传统的生活方式和习俗。

平江历史文化街区是苏州国家历史文化名城保护区历史街区

景区管理局开展工作的一个重要区域。管理局履行保护、管理、发展三大职能。制订和实施历史街区景区保护工作规划和综合管理制度,实现对历史街区景区传统风貌和历史遗迹等有形人文资源的保护与拓展,实现对传统文化、民俗和原住民生活方式等无形人文资源的保护与传承。负责景区道路交通、旅游秩序、园林绿化、景观灯光、低碳生态、购物环境、市容卫生、河道水系、防火防汛、社会治安综合治理、重大活动保障、法律法规应用等管理工作。发挥政府的规划和引导作用,引入与街区发展定位相适应的产业,对平江路来说,主要是以文化消费、休闲旅游等业态为主,引领产业向精品化、高端化发展。

保护、管理、发展好平江历史文化街区是我们共同的责任。本书的作者胡金华同志曾在保护区历史街区景区管理局任职,积累了相关的工作经验和丰富的研究资料;顾秀梅同志是苏州经贸职业技术学院副教授,热心于平江历史文化街区的研究。两位作者运用文献研究、比较研究、实证研究等方法,对中外古城保护专家关于苏州古城的论述作了深入的探讨,对平江历史文化街区的现状进行了大量的调查研究,对街区管理和发展中存在的问题及其原因条分缕析,从而形成了自身的观点和见解,提出了具有较高价值的建议,值得点赞。

我们热诚地期待更多的专家学者、苏州市民、中外游客和广大读者对苏州古城历史街区景区的保护、管理、发展提出宝贵意见。

朱奚红

2015 年 6 月于苏州

(注:序言作者系中共苏州市姑苏区委常委、苏州国家历史文化名城保护区党工委委员、保护区历史街区景区管理局局长)

# 前　言

随着城市化进程的不断推进,象征着城市传承的遗存却在逐步减少,陷入历史文化消失的危机。在这样的背景下,社会各界掀起了历史文化保护的热潮,政府更以法律的形式对历史地段进行保护,历史文化街区应运而生。代表江南水乡的平江历史文化街区的保护性开发和利用也就格外引人注目。

历史文化街区在传承古代人民的审美、社会、技术价值的同时体现了相当高的历史价值、美学价值、技术价值和社会价值,它是一个城市文脉延续的标志。2002 年,在坚持“原真性、整体性、可读性、可持续性”的原则下,政府启动了对平江历史文化街区保护性的开发和利用,体现其独特的不可复制的文化价值和经济价值。经过近十年的发展,逐步形成了独具特色的生活和创业、文化和经济、历史和现代、传统和时尚、商贸和旅游等高度融合的景象。在平江历史文化街区成为苏州名片的同时,应对可持续发展带来的挑战已是当务之急。

历史文化街区作为文化、旅游、经济对外形象的新载体,是城市转型的重要内涵,承载了经济旅游载体、对外形象展示、解决就业等职能。为了破解平江历史文化街区在管理和发展中存在的问题,著者展开了深入详细的研究。研究表明,在管理方面存在以下问题:1. 保护遗存力度不够。2. 前期开发不够彻底、整体发展不平衡。私产店面的存在影响街区风貌统一和日常管理;街区内部发展不平衡;对街区外部的辐射作用不大。3. 管理机制不够健全。4. 街区功能和配套设施不够完善。在发展方面存在的问题有:1. 深厚的文化内涵挖掘不充分,特色不明显。业态布局不合理、特色不明显;街区内部和外部景观串联成片的旅游联动机制缺失;口传文化未成亮点;水元素地位不突出。2. 民众参与度不够。3. 利用现代化宣传手段不充分。

作为“老苏州的缩影,吴文化的窗口”,平江历史文化街区在保护、传承和弘扬苏州历史文化方面起到不可替代的作用,而上述问题确实制约了街区作用的发挥。著者通过实地调研和对相关材料的梳理,提出了以下解决的设想和建议:1. 通过顶层设计、实体化运作来科学制定管理体制和完善运作机制。2. 实施私产“转换”、收购和扶持等措施,解决历史遗留问题,促进平衡,强化辐射。3. 根据街区“水乡特色休闲旅游和居住”的定位,健全功能、完善配套设施。4. 强化“吴地文化”特色定位,规划街区商业业态;搭建沟通平台,构建“智慧街区”。搭建“智慧街区”沟通平台,建立街区内外民众的参与渠道,推进街区建设;构建“智慧街区”立体网络,利用高科技手段完善各项服务和措施保障。

本书是著者3年来研究的结晶,但是,由于水平有限,难免存在疏漏与不妥之处,恳请专家和读者批评指正。有一些图片资料经过多次使用、修改、补充和删节,已经无法完全找出其原始出处,在此谨向原作者表示深深的谢意并恳请提醒,以便再版时补充。

顾秀梅　胡金华

2015 年 6 月 15 日于苏州

# 目　录

# 第一章 绪 论

历史文化街区是传统民族文化、地域文化独特的载体，是城市记忆保持最完整、最丰富的地区，浓缩了一个城市历史文化的精华。平江历史文化街区对于彰显苏州城市文化、体现城市品位、丰富城市形象，对于促进城市经济发展和提高城市的宜居度、知名度、美誉度具有重要意义。苏州是我国首批历史文化名城之一，平江历史文化街区是苏州古城中保存最为完整的典范，至今仍保留着“水陆并行、河街相邻”的双棋盘格局。自2006 年开街以来，人流量逐年攀升，2013 年经不完全统计，平江历史文化街区核心区域内接待量约400 万人次。超高的

图 1-1 平江路

人气，对开放式的平江历史文化街区的管理和进一步提升凝聚力提出了挑战。探讨平江历史文化街区的管理和发展中显现的问题在全国历史文化街区中具有代表性，有很高的示范意义。

## 一、研究目的和意义

历史文化街区是城市商业经济发展的“新载体”，是城市旅游经济的“名片”，是城市历史文化的“博物馆”，是展示城市形象的“窗口”。[①] 由此可见，街区对一个城市的经济发展、对外展示、解决就业等有着巨大的作用。制定科学管理体系、长远发展规划是当务之急。

平江历史文化街区是苏州古城中保存最为完整的历史地段之一，它保存着大量真实的历史性建筑及空间环境。在平江历史文化街区内，现存有世界文化遗产 1 处，国家级重点文物保护单位 2 处，省市级文物保护单位 15 处，控保建筑 45 处，还有名人故居 20 多处、4 座古牌坊、10 多座古桥散落其间，如同一座没有场馆的江南城市建筑博物馆。然而，平江历史文化街区的保护和管理仍存在一些问题：文物的保护没能常态化，街区内业态布局不够合理，配套设施不全等，这些问题仍制约着该街区的发展。本课题通过研究，在提升城市形象，传承和延续古城文脉，增强特色空间商贸的集聚能力

---

① 刘旭：《城市特色街区建设与发展探析》，载《工作研究与建议》2008 第 8 期，第 22 页。

和辐射能力等方面提出建议,以期对平江历史文化街区的管理和发展有些许的借鉴作用。

## 二、相关概念的界定

从专家学者开始研究城市文化遗产保护以来,在不同的时期产生了很多概念。在界定历史文化街区的概念之前,须对与之相关的一些名称进行解析,作为理解和掌握历史文化街区的基础。

### (一)历史文化街区相关概念

#### 1. 历史地区

《雅典宪章》(1933)指出:由历史建筑群及历史文化遗址所组成的区域称之为历史地区;《内罗毕建议》(1976)即《关于历史地段的保护及其当代作用的建议》中这样定义:"历史和建筑(包括本地的)地区"指包含考古和古生物遗址的任何建筑群、结构和空旷地,它们构成城乡环境中的人类居住地,从考古、建筑、史前史、历史、艺术和社会文化的角度看,其凝聚力和价值已得到认可。根据《内罗毕建议》有关规定,"历史地区"除了"单一遗址群"外,至少还包括史前遗址、历史城镇、城市旧街区、乡村和村庄等多种类型。从所处环境看,历史地区可分为城市和乡村两类。①

---

① 李晨:《"历史文化街区"相关概念的生成、解读与辨析》,载《随想杂谈》2011年4期第27卷,第101页。

2. 历史城区

根据《华盛顿宪章》规定,历史城区包括历史上所有自然形成和人为创造的“城市社区”,“无论大小,包括了城市、城镇和历史上的城市中心或者街区,以及它们的自然和人工环境”。

在中国的《历史文化名城保护规划规范》(GB50357 - 2005,以下简称《规范》)中“历史城区”是指:城镇中能体现其历史发展过程或某一发展时期风貌的地区。涵盖一般通称的古城区和旧城区。本规范特指历史城区中历史范围清楚、格局和风貌保存较为完整的需要保护控制的地区。“历史城区”是名城历史文化的主要价值载体,也是结合我国大多数名城的现状及其所面临的保护与发展的矛盾而提出的,是名城中重点保护的区域。根据《规范》定义,“历史城区”也有广义和狭义之分。其中,广义“历史城区”“涵盖一般通称的古城区和旧城区”,狭义“历史城区”特指广义“历史城区”中“历史范围清楚、格局和风貌保存较为完整的需要保护控制的地区”。

3. 历史地段

在《规范》中对“历史地段”予以定义:保留遗存较为丰富,能够比较完整、真实地反映一定历史时期传统风貌或民族、地方特色,存有较多文物古迹、近现代史迹和历史建筑,并具有一定规模的地区。[1]

① 李茉:《城市历史文化街区的保护与再生——以大连地区春满街历史文化街区为例》,大连理工大学硕士论文,2009 年 6 月,第 4 页。

“历史地段”是有一个地区性界限的范围，在这个范围内能够反映多元的文化和社会生活，包含城市的历史特色和景观意象的自然环境、人工环境和人文环境诸方面，是城市历史活的见证。

4. 历史文化名城

《中华人民共和国文物保护法》把“历史文化名城”定义为“保护文物特别丰富，具有重大历史价值和革命意义的城市”。其审定不仅要看城市的历史，而且要看保存的文物古迹的完好和价值；古城的现状仍保存有传统的格局和风貌特色。

历史文化名城保护的内容在 1993 年襄樊会议上已明确要求，即“保护文物古迹及历史地段，保护和延续古城的风貌特色，继承和发扬城市的传统文化”。具体可分为：①保护文物古迹；②保护历史地段，即具有历史传统风貌的街区；③保护和延续古城风貌特色；④继承和发扬传统的历史文化。

图 1-2　凤凰古城

5. 历史文化保护区

"历史文化保护区"指经省、自治区、直辖市人民政府核定公布的"文物古迹比较集中,或能较完整地体现出某历史时期传统风貌和民族地方特色的街区、建筑群、小镇、村寨等"。"历史文化保护区"也包括城镇和乡村两类区域。

1997 年建设部转发《黄山市屯溪老街历史文化保护区保护管理暂行办法》的通知中明确指出:"历史文化保护区是我国文化遗产的重要组成部分,是保护单体文物、历史文化保护区、历史文化名城这一完整体系中不可缺少的一个层次,也是我国历史文化名城保护工作的重点之一。"确定了"历史文化保护区"的特征、保护原则与方法,并对保护管理工作给予了指导。"历史文化保护区"是为了保护历史地段的整体环境,协调周围景观而划定的一定范围的建设控制地带。

6. 历史街区

国务院 1986 年公布第二批国家级历史文化名城时正式提出"历史街区"的概念:"对文物古迹比较集中,或能较完整地体现出某一历史时期传统风貌和民族地方特色的街区、建筑群、小镇、村落等也应予以保护,可根据它们的历史、科学、艺术价值,公布为地方各级历史文化保护区。"

## (二) 历史文化街区的概念和特征

在《规范》中,"历史文化街区"的定义是:经省、自治区、直辖市人民政府核定公布应予重点保护的历史地段。在2002年《文物法》颁布之前,历史文化街区概念依附于历史文化保护区概念而存在,主要指城市中划定的一些"历史文化保护区"。根据2008年颁布的《历史文化名城名镇名村保护条例》,"历史文化街区"指"由省、自治区、直辖市人民政府核定公布的保存文物特别丰富、历史建筑集中成片、能够较完整和真实地体现传统格局和历史风貌,并具有一定规模的区域"。可见,"历史文化街区"是"历史文化保护区"概念分化之后形成的适用于城市范围的概念。

"历史文化街区"应具备如下的条件:一是有比较完整的历史风貌;二是构成历史风貌的历史建筑和历史环境要素基本上是历史存留的原物;三是历史文化街区用地要有一定的规模,面积太小,无法体现风貌的特点;四是历史文化街区核心保护范围内文物古迹、历史建筑和一般传统风貌建筑的用地面积达到建筑总用地的60%以上。"历史文化街区"的可视性特点通常包括遗存真实性、风貌完整性和生活延续性。

### (三)相关概念辨析[①]

2005年,《历史文化名城保护规划规范》(GB50357-2005)的发布,使"历史城区""历史地段""历史文化街区"等成为我国名城保护体系"中观层面"的规范用语。"历史地区"的范畴最广、包含

① 李晨:《"历史文化街区"相关概念的生成、解读与辨析》,载《随想杂谈》2011年4期第27卷,第102页。

内容最多，其他概念都内含于“历史地区”之中。“历史地区”是所有概念的原型，由此发展出其他概念：一方面，某些“历史地区”以法律条文的形式加以限定，形成“历史文化保护区”和“历史文化街区”；另一方面，从空间环境又分化出“历史城区”“历史地段”和“历史文化街区”。其中，“历史文化街区”又内含于“历史地段”之中，两者的主要区别在于前者为“经省、自治区、直辖市人民政府核定公布应予重点保护的历史地段”。狭义“历史城区”和“历史地段”的区别在于前者规模大于后者，且前者侧重整体空间格局，而后者侧重历史遗存。至于“历史文化街区”和“历史地段”则有可能出现在“历史城区”之外。

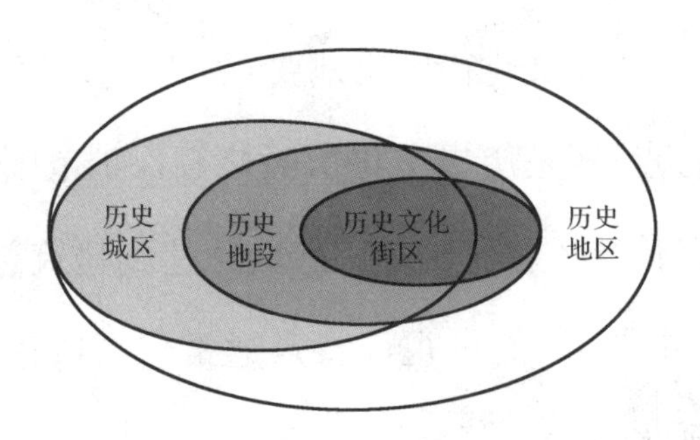


图 1-3 “历史文化街区”相关概念的范畴关系

## 三、国内外的研究状况

### （一）国外研究状况

国外对历史文化街区的研究起步较早。1931 年《关于历史古迹修复的雅典宪章》提出的“应注意保护历史遗址周边地区”可被视为“将一个地区进行保护”这一观念的萌芽。1933年《雅典宪章》、1964年《威尼斯宪章》、1976年的《内罗毕建议》、1987年《华盛顿宪章》,这些法律性文件的发布,为面大量广的普通建筑进入历史遗产范畴奠定了基础。

意大利Jan Van der Borg、Paolo Costa、Giuseppe Gotti三人的论文*Tourism in European Heritage Cities*(1996)以世界遗产城市为例,对遗产旅游的影响进行了研究,认为遗产城市在吸引许多游客的同时,产生了收益与损失。当损失超过收益的时候,必须对旅游业的发展进行调节。该分析揭示了旅游业可能威胁到遗产的完整性和居民的生活质量,提出了控制和引导客流的措施。

新加坡Teo Peggy和Huang Shirlena的文章*Tourism and Heritage Conservation in Singapore*(1995)通过对旅游者和本地人的调查,总结了新加坡城市文化遗产保护的计划和措施。调查显示,旅游者被修复的旧殖民地传统建筑所吸引,但保护工作的“博物馆化”并不能真正保护当地的遗产。

英国Brian Garrod和Alan Fyall的文章*Heritage Tourism: A Question of Definition*(2000)通过调查讨论了遗产地的基本任务、游客入境的影响因素、遗产地公共机构的遗产管理作用,同时对遗产旅游可持续发展的策略进行了评估,讨论了其重要性。①

① 杨桂荣:《历史街区旅游开发模式研究——以平江历史街区为例》,同济大学硕士论文,2007年7月,第2-3页。

图 1-4　古都罗马与英国伯明翰

## （二）国内研究状况

国内开始研究的时间较晚。20 世纪 80 年代初期至中期，国内形成了“历史文化保护区”的概念雏形，于 1986 年在国务院公布第二批国家历史文化名城时被正式提出。1994 年的《历史文化名城保护规划编制要求》、1996 年屯溪“历史街区保护国际研讨会”、

2002 年颁布的《中华人民共和国文物保护法》、2005 年颁布的《历史文化名城保护规划规范》,“历史城区”“历史地段”“历史文化街区”等成为我国名城保护体系的规范用语。我国对历史文化街区的研究始于 20 世纪 80 年代,但直到 2001 年,有关历史文化街区的研究文献数量才开始激增。尤其随着历史文化街区保护实践的不断深入,学术界对历史文化街区的研究不断跟进,形成了不少有价值的研究成果。

图 1-5　屯溪老街

王骏、王林《历史街区的持续整治》(1997)以及王景慧《历史地段保护的概念和作用》(1998)提出,历史街区应具有以下特征:有较完善的历史风貌,有真实的历史遗存,有一定规模、视野及范围内的风貌基本一致。

宋昆、李倩玫(1996)指出,历史街区的保护要维持其具有和谐共存的居住模式、组织形态和生活方式,维持原有的和谐共存的社会结构。历史街区不同于笼统所说的旧城区。

王景慧(1998)指出,历史街区也不同于文物保护单位周围的建筑控制带,需要维持并发扬其使用功能。

张松《历史城镇保护的目的与方法初探——以世界文化遗产平遥古城为例》(1999)指出,历史街区的保护要遵循原真性原则。对原真性原则的评价主要从设计、材料、工艺、环境四个方面考察,对传统民居还要考虑功能与用途的真实性:历史街区的保护不能单纯从成本—效益法则出发,其本身具有外部的经济性,即保护本身所衍生的社会、经济、环境效益是难以估量的。

## 四、研究方法

第一,文献研究法:通过查阅文献资料的形式收集资料,通过对各地历史文化街区在运作中的实际情况进行分析和比较,总结和概括在管理和发展中所暴露出的问题。

第二,类比和对比法:通过对其他历史街区调研,收集资料。将平江历史文化街区与之进行比较,梳理出共性和个性,并将平江历史文化街区的个性作为特色在文中进行叙述。

第三,实证研究法:在对历史文化街区管理和发展的研究中,充分注重定性与定量结合、实证调查、资料等的运用。本文中的大量实证研究数据主要来源于对以平江历史文化街区为重点的实证调查,通过调研,掌握管理和发展的最新情况,确保研究资料的真实性和准确性。

# 第二章 平江历史文化街区现状概述

## 一、平江历史文化街区概况

苏州是吴文化的发源地，作为中国历史上唯一城址未变的古城，历经2500多年形成了独特的城市格局和文化形态。作为苏州古城文化遗存的核心区域，平江历史文化街区以其保存完整的城市格局、建筑风貌，以及原汁原味的生活情境和传承发展的文化脉络，受到重点保护。1986年，它被《苏州总体城市规划》划定为绝对保护区。2002年，平江历史文化街区保护整治工程启动，著名历史文化名城保护专家阮仪三教授领衔编制的《苏州古城平江历史保护整治规划》批准通过。今天的平江历史文化街区已成为苏州古城文化的代表。

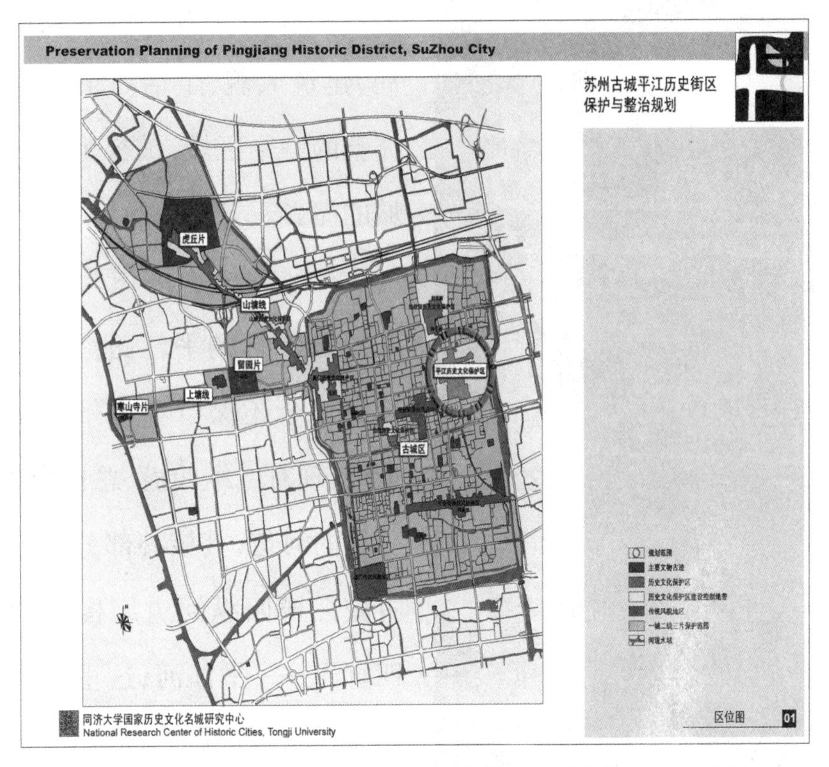


图 2-1　平江历史街区保护与整治规划区位图

## (一) 街区现状

苏州平江历史文化街区位于苏州古城东北隅,东起外环城河,西至临顿路,南起干将路,北至白塔东路,面积约为 116.5 公顷。其中主要道路平江路全长 1094 米(已开发利用的),路面由石板铺就,两侧有众多历史悠久的支巷,如卫道观前、中张家巷、大儒巷、肖家巷、钮家巷、狮林寺巷、传芳巷、东花桥巷、曹胡徐巷、大新桥巷等。与南宋绍定二年(1229)刻制的、中国迄今为止保存最为完整的碑刻城市地图——《平江图》对比,街区仍保持着“水陆并行,河街相邻”的双棋盘格局以及“小桥流水,粉墙黛瓦”的建筑空间风貌,是

图 2-2 碑刻《平江图》

苏州古城迄今为止传统城市格局、建筑风貌、生活习俗保存最完整的一个区域,被誉为苏州古城的缩影。

街区的中心区域为平江河和与之并行的平江路沿线。街区内至今还保留着苏州古城墙遗址,现有二纵四横、总长为3.5公里的河道,其核心部分为苏州古城三横四纵河道结构中的第四直河——平江河;这里有古桥16座(苏州古城内尚存古桥45座),是目前苏州城内河道及桥梁分布密度最高的街区,也是体现古城水道体系干、支河网结构的唯一遗存,其中,通利桥和朱马交桥在唐代《吴地记》所附《后集》中已见记载。

## (二)保护和整治回顾

### 1. 保护与整治总体思路

首先,以"真实性"作为保护与整治的基本原则,对历史信息进行系统梳理,尽力保留了原有的历史细节,使得历史文脉得以很好地传承。修缮的房屋努力做到“修旧如旧”,除了非拆不可的危房才尽量按照原有样式重造。

图 2-3　保护、保留和拆除兼用①

其次,从生活形态的真实性和空间的舒适性出发,疏散部分人口,提升原住民的生活质量。做法是通过拆迁补偿,部分居民迁出,改善了迁与留者的居住条件。政府还不断进行自来水、污水管道改造,后来还由政府出资,分批为该街区的居民建造家庭简易卫生间,居民只需自行购买一只抽水马桶即可,卫浴设备可由社区的志愿者上门免费安装。

① 阮仪三,林林:《苏州古城平江历史文化街区整治与保护规划》,载《理想空间》,2004 年 6 月,第 91 页。

再次，从全局的角度，梳理老街的商业形态，宁缺毋滥，合理安排商铺的位置和功能。目前，这条路上仅有的几家商铺是会所、酒吧、客栈、手工艺品商店等，其余多为原来的居住形态。正是由于这些原因，平江路成为苏州古城内体验旧时江南的最佳去处。

2. 保护和整治的历程

在1986年国务院批准的《苏州市城市总体规划》中，该区域被列为历史文化保护区。在苏州市政府及相关部门的主导下，1997年完成《平江历史文化街区保护与整治规划》。2002年，以迎接第28届世界遗产大会召开为契机，苏州市启动了平江路风貌保护与环境整治先导试验性工程。2003年又重新修订街区保护规划并着手平江路的整治修建设计。街区由此揭开了全面保护的新篇章。

在坚持"原真性、整体性、可读性、可持续性"的原则下，对平江历史文化街区进行保护性的开发和利用，体现其独特的不可复制的文化价值和经济价值。经过近十年的发展，众多商家进驻平江路，形成了独具特色的生活和创业、文化和经济、历史和现代、传统和时尚、商贸和旅游等高度融合的景象。平江路的风貌保护与环境整治工程涉及违章拆除、危房修复、新建公用设施、亮化绿化等诸多方面。2002年至2010年，街区完成了平江路（河）及两侧河道清淤、码头修整、驳岸压顶、绿化补种等工程，完成了平江路沿线近两万平方米房屋的修缮、改建工作。在翻建平江路的过程中，各种管线全部敷设入地，改善了周边居民的生活环境；建设多个停车场，满足了古城区居民和游客的停车需求。

图 2-4　院落保护性修缮前后对比

在房屋修缮工作中，街区采取了因地制宜、对症下药的方针。对控保建筑、基础好的建筑，进行完整的保护，修旧如故，新旧有别；对风貌较好的建筑，对部分腐烂、变形屋梁等，探索使用了混凝土结构、钢结构等形式加固、支撑；对障碍建筑、违章建筑和与街区功能不协调的建筑进行拆除，并根据周边情况采取移建、复建、改建和新建等多种改造措施。

## 二、平江历史文化街区特点

### (一) 古迹、历史遗存丰富

图 2-5　平江历史文化街区的历史遗存代表

平江历史文化街区积淀了深厚的文化底蕴,聚集了丰富的历史遗迹和人文景观。历史上明代状元申时行,清代状元潘世恩、吴廷琛、洪钧,近代国学大师顾颉刚,文学批评家郭绍虞,著名医师钱伯煊,电影评论家唐纳等文人雅士曾生活于此。现存 20 余处名人故居中,大多还有其后人居住。街区内还坐落着昆曲博物馆、评弹博物馆,是世界及国家级非物质文化遗产的重要载体。而街区风貌保护与环境整治工程实施后,街区内的古建房屋保持了“精、细、秀、美”的建筑特点,并形成了一批经典的遗产保护修复案例。近8000户居民原生态的生活习惯得以保留,基础设施及生态环境得到优化,粉墙黛瓦的街巷和河道纵横的水乡面貌得以重现。

### (二)城市特色空间

在保护整治工程竣工后,平江路沿线2万多平方米房屋得到修缮,它们全部以租赁的形式投入使用,形成了精品文化休闲业态的聚集。经过数年的产业培育,先后有80余家客商落户平江路。通过在管理中对店招店牌、装修风格等进行前期介入的方式,保证其与街区文化的和谐。这种精品文化休闲业态对以园林、昆曲、评弹为代表的苏州传统慢生活进行了时尚的解读,并与街区内市井生活相对照,营造出清晰的文化传承脉络,形成了“体验传统苏州慢生

图2-6 平江河

活，实践时尚苏州慢生活”的特色区域功能。

街区重视对房屋格局、空间肌理、历史文脉等各类遗产资源的挖掘、整理，这不仅使典型的苏州城市建筑格局风貌得以保留，更使得苏州的传统生活习俗、文化形态得以自然呈现。例如，在深入挖掘以状元文化为基础的崇文尚书的习俗后，街区推出了具有独特苏州书香风情的“平江晒书节”，多个居民读书小组、读书活动进入人们的视线，成功地活跃了街区居民尤其是中小学生群体内的文化氛围。

图 2-7　平江历史街区获奖碑拓

2005 年，由古城保护专家阮仪三教授主持的平江历史文化街区保护规划获得了联合国教科文组织亚太文化遗产保护荣誉奖。评委会的评价是：“该项目是城市复兴的一个范例，在历史风貌保护、社会结构维护、实施操作模式等方面的突出表现，证明了历史街区是可以走向永续发展的。”联合国教科文组织亚太文化事务主任理查德·恩格哈德先生认为，平江文化街区之所以能获奖，原因在于其展现出来的成功的合作关系和强有力的规划方案，政府、居民以及技术专家通力合作,保证了项目的成功和可持续性,苏州市政府所做的投入,改善了古街区的基础设施。平江历史文化街区的成功在很多方面可以为其他城市的历史建筑物的保护提供借鉴。

# 第三章 平江历史文化街区存在的问题和原因

平江历史文化街区基本延续了唐宋以来的城坊格局，历史遗存所构成的街区历史风貌集中体现了苏州古城的城市特色与价值，水陆并行的“双棋盘”城市格局，堪称苏州古城的缩影。经过近十年的发展，街区形成了独具特色的生活和创业、文化和经济、历史和现代、传统和时尚、商贸和旅游等高度融合的景象。超高的人气一方面给街区带来机遇，另一方面也给街区的管理和发展带来了挑战。

## 一、管理上存在的问题

### （一）保护遗存力度不够

平江历史文化街区占地116.5公顷，具有悠久的历史、众多的文物古迹、丰厚的历史遗存和典型的江南水乡风貌。街区内现分布着20多条街巷，2纵3横共5条河道贯穿其间。在这约1平方公里的地方，聚集了众多文物保护单位、控制保护古建筑、古桥、古井、古牌坊等古迹遗存，组成了一座开放式的城市建筑博物馆。但由于种种原因，保护工作未能形成常态化，如保护资金短缺、养护单位不明确、修缮保护方案不具针对性等，使得部分古迹处于危险的境地。以古牌坊为例，街区现有古牌坊4座，分别为汪氏功德坊、混堂巷1号牌坊、陶高氏节孝坊、方氏贞节坊，都是清代所立。然而，经过漫长的城市发展，古牌坊受到自然和人为的破坏而风化、改建或荒废，街区内古牌坊的现状不尽如人意，混堂巷1号牌坊和方氏贞节坊均嵌在民居中，几乎被人遗忘；位于胡厢使巷27号对面的陶高氏节孝坊，更是出现倾斜，倾斜度接近5°，随时可能倒塌。如不尽快采取补救措施，这些古迹的老化、损坏会越来越严重，直至最终消失，造成无法挽回的损失。

图3-1　方氏贞节坊、混堂巷1号牌坊、陶高氏节孝坊现状

## （二）前期开发不够彻底、整体发展不平衡

### 1. 店面存在私产

2002年平江历史文化街区开始整治，在坚持“原真性、整体性、可读性、可持续性”的原则下，对其进行保护性的开发和利用。由

于当时的政策、资金、部分产权人的意愿和期望等问题，平江路至今仍有一些门面产权未变更，属私产且未纳入街区统一管理。这些私产店面的存在，一方面店面风格根据业主要求自行设计，影响街区风貌的统一性；另一方面由于街区管理方对私产经营业主缺乏相应的制约，业态控制和秩序管理的难度很大。

2. 街区内部发展不平衡

平江路是平江历史文化街区的主要道路，与其并行的是平江河，平江河的西岸是一条路幅不宽、不贯通的小巷子。这里除了有少许商家外，其余均以民居为主，巷子两边堆放物料的情况较多，沿巷子的墙面除了粉刷见白外，并无亮点。与平江路的苏式风貌和繁荣景象相比，西岸就显得简陋和萧条。从平江路上隔河相望，显得有些格格不入，影响了街区风貌的整体性。平江路西岸尚且如此，

图 3-2 平江河西岸晾晒情况

图 3-3　平江河西岸堆放杂物情况

沿线的支巷情况更不容乐观，除已改造过的大儒巷、菉葭巷等外，其余均存在破、缺、损、乱等现象，与历史文化街区的标准相去甚远。

3. 对街区外围的辐射作用不大

平江历史文化街区的北分界线——白塔东路虽然也是一条商业街，但却是门可罗雀，与平江路的超高人流量形成鲜明的对比，受益不明显。

与平江路一路之隔的平江路北延段已于 2014 年开街，大部分门面属私产。由于没有整体规划，北延段的管理处于“失控”状态：沿街立面风格迥异，造成视觉混乱；占道经营严重，流动摊点聚集；街面保洁不到位……地理位置上的顺延，而运营和管理却没有顺延平江路的模式，造成平江路南北两端极大的反差。“一枝独秀”的平江路在发挥辐射周边经济区域的作用中，显得有些“势单力薄”。

图 3-4　平江路北延段的无序状态

## （三）管理机制不够健全

“三分建设，七分管理”这句话对平江历史文化街区同样适用。街区虽然不大，但却包罗万象：有大量的文物古迹，8000 多户的原住民，近百户商家的经营活动和日以万计的游客群……涉及诸多管理上的问题，比如安全、消防、交通、文物保护、食品卫生、市容秩序、环境卫生等。这些问题影响到生活、经营、活动在街区内的每一个人，影响到每一处文物古迹的存在状态。

1. 管理委员会的设置不完善

作为姑苏区非常设机构之一的历史文化街区景区管理委员会（以下简称“街区管委会”），其主要职责是对姑苏区范围内的历史文化街区的管理进行统筹、协调和监督，但目前除成立了平江历史街区管理办公室外，并未出台相关制度、规定来落实部门职责、分工和履职评定。由于缺乏相关制度的“保驾护航”，目前运作效果不明显。

图 3-5　位于大儒巷 40 号的平江历史街区的专职管理机构

2. 专职管理机构力量配备不足

目前街区的专职管理部门有 2 家，一家是平江历史文化街区保护整治有限责任公司，另一家是平江历史街区管理办公室。前者主要负责街区经营方面的管理，后者才是真正意义上的行政管理部门。2013 年成立的平江历史街区管理办公室其实质是一个协调机构，代表景区管委会负责牵头其他一些部门对街区进行日常的维护和管理。平江历史街区管理办公室没有下设专业管理队伍，只有城管部门落实执法中队派驻，其他的部门如公安、交警、工商、卫生并无安排人员派驻，各部门主要通过平江历史街区管理办公室召集的较为松散的工作例会交流相关情况。由于缺少顶层设计,这种体制在一定程度上降低了管理效率,拖延了快速反应的时间。

### (四)街区功能和配套设施不够完善

1. 街区功能"单一化"

突出表现为街区功能定位缺乏整体策划。在历次的《苏州历史文化名城保护规划》中,平江历史文化街区以水乡特色的休闲旅游和居住为主要功能,但在如何利用保护成果来体现这样的功能上还缺乏完整的策划。

以交通为例,交通是贯穿这两个功能的一项内容。平江路沿线有3个停车场,车位在500个左右,在苏州古城区这个容量应该是很大了,但与街区数以万计的人流量来说,还是显得捉襟见肘的,支巷内乱停车现象随处可见。除了平江路南端的一个停车场外,其余2个都在支弄内,若要将车停入,需要经过拥堵的临顿路,这对游客来说是件考验耐心的事。对于街区内的8000多户原住民,出行更是件费力、费时、费神的事,街区内的合法停车资源稀缺,又没有进行合理的规划,无固定车位的原住民只能将车停在支巷的两侧,加上外来车辆的临时停车,争抢车位和道路堵塞是常有的事。对沿线商家运货车辆进出的时间、线路没有设定限制,经常出现车辆违规驶入平江路,不但影响街区内的氛围,还损害了市政实施。

图 3-6　驶入平江路的机动车辆

2. 配套设施“薄弱化”

在街区整治过程中，由于整治和规划并未紧密衔接，主要采取整治到哪里修建就完善到哪里的方式，极大增加了后续补救的难度，使得一些地段无法实施雨污分流，部分沿河居民直接将生活污水排入河中，一些区域因杆线无法入地而给原真历史风貌展示带来瑕疵。

环卫设施的配置未能跟上平江历史文化街区休闲旅游的发展，样式和形式没有和街区风格相一致，数量不足，保洁应急措施不到位，经常造成垃圾乱扔，垃圾出箱，污水横流，在国假期间尤甚。以2014 年清明小长假为例，首日客流量就超过了 4 万人次，或由于意识不到位，或找不到垃圾桶，许多游客把手中的空罐子、用过的纸巾、食物的包装袋、长长的竹签随地乱扔，垃圾桶也是处于“满仓”状态，周围还撒满垃圾，原本整洁的平江路变成了一条“垃圾街”；保洁的频率过低，使得垃圾散落在空气中，时间一长就会散发出令人不爽的气味；也有部分游客将垃圾随手扔进平江河。这些不仅破坏了景区的卫生环境，也影响了游客的兴致。

图 3-7　2014 年清明节平江路上的满地垃圾

## 二、发展上存在的问题

### (一) 深厚文化内涵挖掘不充分,特色不明显

图 3-8 平江路上随处可见的“特产”

苏州的工艺品、特色小吃享誉全国，苏州的园林世界闻名，非物质文化极其丰富，这些元素组成了苏州独一无二的文化。深度挖掘吴文化是街区展示其内涵最为直接有效的途径，也是体现其不可复制特色的必然选择。纵观街区现状，“浅度”特征明显。

1. 业态布局不合理，特色不明显

从图3-8中可以看出，街区内的商业布局主要以零售、文化娱乐和餐饮为主。其中餐饮类占比高达25.9%，这只是统计了街区统一招商的84户商家，如果将沿线破墙开店的商家计算在内，这一比例会更高。在占比最高的三大经营项目中，饮品类中主要包含咖啡、茶点和奶酪等，小吃基本以鸡脚、臭豆腐、油炸食品等为主，品位不高；文化娱乐类中包含着文化沙龙、会所和独一桌等，不够接地气；零售类中，以小饰品、服装、礼品等为主流，均属大众型的商品，未体现苏州吴文化特色。从商家业态来看，经营的内容大部分属于可仿制、复制和拼贴的商品和服务，并没有形成人们所期望的具有不可替代的吴文化特色的商业氛围，苏州本土元素不显著。

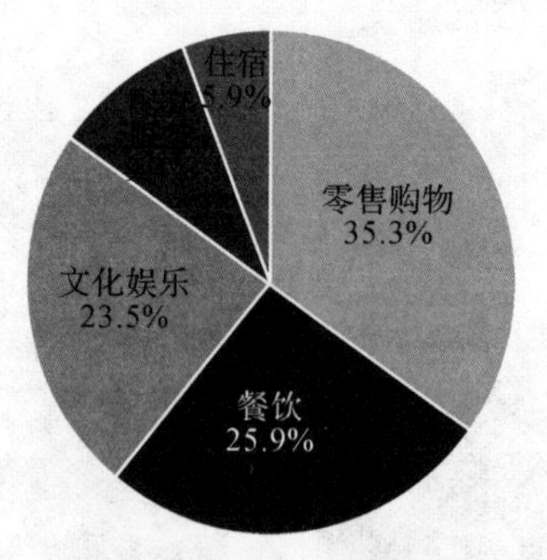


图3-9 平江历史文化街区商业布局占比图

（根据近两年相关调研数据整理而成）

2. 旅游联动机制缺失

主要体现在街区内部景点未连点成线,与街区外部名胜古迹未能串联成片。街区内文物古迹众多,集中了名人故居、古桥、古井、古牌坊、文保单位等;同样,在街区周边,也存在着著名世界级遗产、景点和博物馆,比如拙政园、狮子林、东园、苏州博物馆、苏州民俗博物馆、苏州园林博物馆、玄妙观等,旅游资源丰富。著者通过查阅大量的文献著作和走访发现,关于街区内文物古迹的数量竟然未能得到一个权威的统计数据,很多数据出入较大。这表明:一方面各个数据来源不一,统计口径不尽相同;另一方面说明管理部门对有些文物古迹的重视程度还不够,以致在统计时有所疏漏。由此可想而知的是,这些古迹在街区的休闲旅游中被保护性利用程度不高。文物古迹是平江历史文化街区,甚至是苏州对外展示的窗口,是中外游客了解、认识苏州的载体,其重要性不言而喻。而事实上,至今也未有将街区内的遗存连点成线、和街区外的旅游资源连线成面的官方宣传资料和推荐的线路,造成资源极大的浪费。

3. 口传文化未成亮点

街区内的遗产、名居、古井、古桥遍布,堪称未设场馆的古博物馆,历史资源丰富。这些古迹背后都有着典故和传说,很多是通过口口相传流散在民间。这些坊间故事寄托了人们朴素的情感,是对遗存最好的诠释和注解,也是世人了解这一方水土风俗人情的捷径,而在平江历史文化街区却未见通过一定的形式将之传播,令人遗憾。

4. 水元素地位不突出

苏州素有“东方威尼斯”之称,至今仍保留着“水陆并行、河街相邻”的格局,城内的水脉非常发达。在历史上,水元素对苏州的生活、文化和经济的作用不容忽视,曾造就过阊门的繁荣盛况。平江历史文化街区内水系纵横,并和周边水路联通成网。目前街区旅游对水资源的利用,主要是游船,形式单一。游船样式基本是带篷的小木船;船夫的着装打扮也很普通,并没有穿着江南水乡特色的服饰。这样的水上旅游不接地气,“小桥流水、枕河人家”的深厚水文化底蕴没有得到充分挖掘,使得东方水城黯然失色。

图 3-10 平江河手摇船船夫

## (二) 民众参与度不够

作为街区的商户、原住民或游客,街区的管理和发展同他们有着莫大的关系。一方面,民众有自己的想法,也有表达建议的意愿;

另一方面,街区发展也需要吸取民意来提升品质。双方良性互动,是街区管理和发展的需要,也是提高民众满意度的需要。

1. 原住民分享街区发展成果程度不高

在街区的整体规划中,并未为原住民留出属地就业和创业的空间。在街区改造整治前就存在的一些理发店、零售店、小吃店等,它们的存在方便了居民的生活,也是街区原味"风俗"的体现,由于整治、拆迁、置换等,这些居民区中"小而全"的店面已很少见了。虽然有部分居民私自破墙、破窗开店,经营一些小吃、零售等,但这并不在街区的规划中,相反,这种现象极大地破坏了街区风貌的整体性,属于违法行为。在街区的经营模式中,也未为原住民提供与其技能、学历适当的岗位,政策倾斜度不高。在街区不断的繁荣发展中,原住民得到的实惠有限。

2. 互动平台缺失

管理部门和原住民沟通平台缺失。一个地方管理的好坏与辖区居民的参与是分不开的。职能部门和民众形成良性互动,能极大提高政府的管理水平和管理效率,有效地提高群众满意度和降低信访率。互动需要有好的机制和平台,而目前平江历史文化街区缺少与居民交流和纳谏的载体,"对话"不能实现。

民众意见反馈的途径缺失。对于到过平江历史文化街区的游客,他们对街区的优点和不足之处有着自己的看法,这些意见将会涉及更广的视角和更大的范围,它们对街区的管理和发展有很好的借鉴意义。但缺少反馈的平台,使得街区管理部门无法获取这些宝贵意见，造成隐形损失。

### （三）利用现代化宣传手段不充分

平江历史文化街区的推介及消防安全、古建保护的宣传等，目前主要依靠的是传统方式——发放宣传材料、配备相应器材。耗费大量人力的传统宣传方式有其不争的局限性，一是宣传的效果不够直观、不能持久，二是方式不灵活，不能实现即时性。在科技高度发达的今天，面对街区节假日如潮般的人流，竟然没有利用现代化科技设置的安全、防盗、人流疏导提醒，存在的隐患实在令人担忧。

图 3-11　传统标识

另外，一个拥有 2500 多年历史的街区，其深厚的文化底蕴不言而喻。而那些慕名而来的游客能选择的“识芳”途径较为单一，基本上是通过宣传材料和“到此一游”等方式，了解到的信息很是有限、浅显。科技手段的缺失，让街区失去了展示其丰富的内涵的机会。

## 三、存在问题的原因

街区的管理和发展是一项系统工程,而且是变化中的工程,牵涉到很多领域和部门。超高的人气在证明平江历史文化街区保护整治模式成功的同时,也加速了街区存在问题的暴露。课题组通过材料梳理和调研,从几个方面来分析存在问题的原因。

### (一)历史原因

在启动平江历史文化街区保护和整治时,由于街区的前景无法预见,各项工作包括资金方面都不可能是“大手笔”,应是以“慎重”为原则逐步推进。在使用资金有限的前提下,肯定是“将钱用在刀刃上”,重点放在一些关键节点,比如平江路两侧门面的收购、重要文物的清租整治。绝大部分居民住宅当时应该不在收购、改造的范围内。

总体来说,整个保护整治进行得很顺利,但也遇到了一些阻力。一方面按当时政策的规定,收购价格只能控制在一个合理的范围内不能有所突破;另一方面部分门面业主的心理期望值又很高。在谈判不成的情况下,造成至今平江路沿线有少量私产门面房的存在,使得整体改造不够彻底,为后续的街区管理带来麻烦。

因为居民住宅未被纳入收购改造的范围,也没能实施“住改商”的政策,原住民参与分享街区发展的成果不显著。

### （二）相关职能部门对街区的重要性认识不够，顶层设计缺失

街区的管理涉及方方面面，需要依靠各个职能部门的齐抓共管，不是单靠哪一部门能实现管理目的的。街区有其特殊性——城市窗口、旅游载体，管理、执法的方式不宜采取大规模的形式，不同于一般的商业区。由于职能部门本身对街区的重视程度不够，或是没有专门的文件来规定各个职能部门关于平江历史文化街区的职责，未能实施捆绑式管理模式，因此各职能部门没有将自身职责和街区的特点有机结合起来，制定有效的工作机制，形成"守土有责"的局面。

街区管委会的主要职责是对姑苏区范围内的历史文化街区的管理进行统筹、协调和监督。由于缺乏顶层设计，未出台相关制度、规定来落实部门职责、分工和履职评定，目前运作效果不明显。

### （三）发展定位不够清晰，街区发展规划不能与时俱进

一个区域的发展，既要看"显绩"，也要看"潜绩"。"显绩"就是在当下表现出来的经济效益和社会效应等，而"潜绩"则是立足于长远的"筑基"，虽然不能马上变成"功绩"，但却是可持续性发展的基础和保障。历史文化街区应是以历史遗存作为主框架的特色街区，融合属地的特色商贸、习俗和非物质文化遗产的特色空间。而今鸡脚、臭豆腐、奶酪等成了平江历史文化街区的主流商品，且有愈演愈烈的趋势，"江南水乡""吴地文化"的韵味无从体现。

街区的人气在 2011 年开始"井喷"，在此之前原有的设施、公

建配套等基本能满足原住民和游客的需求,发展规划也能按部就班地实施。人气骤然飙升打破了这一平衡,如何建立一个新的平衡,让街区通过调整来增加旅游吸引力和商贸集聚力,满足游客对街区的新要求,在街区现今的发展中体现得不够。

### (四)超高人气给街区带来的"副产品"

超高的人气给街区带来了无限的商机和活力,但同时也给街区带来了压力。或是当初保护整治时的预计不足,抑或是后续的措施未能充分跟进,产生了诸多"副产品":公共设施寿命的缩短,文物遗存的损害,大量垃圾的产生,整体风貌的破坏,对原住民生活的干扰,原住民或租赁户的破墙破窗开店,部分商家提供的劣质商品……这些"副产品"都超出了街区的实际承载,但切切实实对街区产生了负面的影响。

# 第四章 平江历史文化街区的发展思路与经验借鉴

前面一章讲述了平江历史文化街区存在的问题,其中很重要的一点原因是发展的方向不明。在提出相应的解决策略之前,有必要对街区的发展思路进行规划,明确定位和思路、发展目标和重点内容。

## 一、定位和思路

在历次的《苏州历史文化名城保护规划》中,平江街区的主要功能被定位为“水乡特色的休闲旅游”和“居住”。在这里面关键字是:“水”“特色”“休闲”“旅游”和“居住”,据此,我们将平江历史文化街区的发展定位为:以街区历史遗存和文化为主框架和背景,以体验苏式慢生活的休闲、旅游为主线,兼顾原住民生活延续性;融合本地风俗、商业,兼容人们所喜爱的、古今中外的休闲活动、风雅元素的特色空间。

基于以上定位,本课题经过实证调研形成以下发展思路:首先要挖掘历史遗存和文化底蕴,彰显街区的深厚内涵。其次结合遗存和商业,推出优质的旅游资源,加强区域间旅游联动。然后,对街区商业要进行定位——以苏式商业为主，兼容苏州以外的、与街区文化想适应的商业，造就古代和现代高度融合的时空错位感。最后是居住，一是改善原住民的居住环境，二是提供更多更实惠的体验“苏州人家”“枕河人家”的住宿资源。

## 二、发展目标

历史文化街区是城市商业经济发展的“新载体”，是城市旅游经济的“名片”，是城市历史文化的“博物馆”，是展示城市形象的“窗口”。街区对一个城市的经济发展、对外展示、解决就业等有着巨大的作用。在坚持“原真性、整体性、可读性、可持续性”的原则下，把平江历史文化街区建设成可持续发展、延续“吴地”商业文脉、具有较强商业凝聚力和辐射力的特色街区，以形成独具特色的生活和创业、文化和经济、历史和现代、传统和时尚、商贸和旅游的高度融合。

## 三、重点内容

一项新型经济模式要能可持续发展，一是要靠自身的优势，二是要有与时俱进的发展规划，三是要兼顾社会责任。这是发展需要面对的重要内容，对于平江历史文化街区来说：首先街区的历史和文化资源是不可复制、独一无二的，且被无数的游客所喜爱，所具有的优势不言而喻。其次发展规划的问题我们在第三章已经叙述过，街区在这方面显然是有所欠缺的，此处不再赘述。最后一点，对于街区来说，原住民的生活环境和就（创）业是最大的社会责任。在历史文化街区的特征中，就有一条是原住民生活延续性，原住民是街区重要的组成部门，他们生活的好坏是体现街区品质的重要方面，所以只有兼顾了原住民生活和生存的发展思路才是科学的和可持续的。

## 四、经验借鉴

从 1982 年至 2014 年 8 月 17 日，国务院已将 125 座城市（琼山市已并入海口市，两者算 1 座）列为中国历史文化名城。从 2003 年起，国家建设部和文物局共同组织评选出 6 个批次共计 252 个历史文化名镇。2009 年开始，经我国文化部、文物局批准，中国文化报社联合中国文物报社共举办 5 届历史文化名街评选活动，评选出 50 条街区。这些名城、名镇和街区都是我国历史地区中的杰出代表，从资源转化到产品设计，从景观优化到业态选择，从品牌塑造到市场营销，从运营管理到文化保护等方面，都取得了很大的成功，并积累了丰富经验值得学习和借鉴。

### （一）丽江古城

始建于宋末元初（公元 13 世纪后期）的丽江古城，坐落在中国西南部云南省的丽江市。古城地处云贵高原，海拔 2400 余米，全城面积达 7.2 平方公里，自古就是远近闻名的集市和重镇。依山傍水的城市格局、自然质朴的居民群落、繁荣灿烂的民族文化构成了丽江最独具特色的文化遗产体系。

1986 年,中国政府将其列为国家历史文化名城。1997 年 12 月 4 日,丽江古城被正式列入联合国世界文化遗产名录。联合国教科文组织给予的评价是:丽江古城是一座具有较高综合价值和整体价值的历史文化名城,它集中体现了地方历史文化和民族文化的风情,体现了当时社会进步的历史特征。文化遗产活化利用和旅游开发管理创新,是“丽江模式”最成功也是最值得学习的核心经验。

图 4-1　丽江古城

1. 遗产活化营造独特生活方式[①]

丽江古城最吸引人之处在于它的原真性。遗产展示与古城生活融为一体,它是一座有生命的城市,而绝非是静态的展示宫殿或博物馆。丽江古城在旅游开发过程中,成功地将文化遗产保护与现

① 李霞、朱丹丹等:《谁的街区被旅游照亮——中国历史文化街区旅游开发八大模式》,化学工业出版社 2013 年版,第 54 – 56 页。

代生活方式相结合,营造了专属于丽江的独特生活方式。联合国教科文组织亚太地区办公室顾问理查德·恩格哈特说:“丽江古城的管理是卓有成效的,其历史的真实性得到了高度重视。”

图 4-2 维持原样的水系

(1) 兼顾风貌与改造。一方面,丽江古城从城镇的整体布局到民居的形式,均完好地保存古代风貌,道路和水系维持原状,古城内被政府列为重点保护民居的 40 多个宅院严禁破坏、拆迁。另一方面,为了保护古城内的普通民居,政府编制了《世界文化遗产丽江古城传统民居保护维修技术手册》,对传统民居的功能改造等方面做出了科学规定,民居仍是采用传统工艺和材料在修复和建造,所有的营造活动均受到严格的控制和指导。此外,改善古城供排水、消防、通信、垃圾处理系统。通过这种方式,既满足了现代生活的需要,延续了古城的生活功能,同时也使得古城风貌得到了最大限度的保护。

图 4-3　特色餐饮和客栈

（2）融入新居民与新经济形态。古城发展不排斥外来居民与外来文化的进入。申遗成功之后，丽江古城的文化游赏与遗产展示功能成为古城发展的重要推动力。因此，丽江选择了开放模式，在政府统一制定的规则之下，鼓励当地居民参与旅游业发展。同时还允许通过房屋租赁和产权出售的方式，吸引外地人入城居住，时尚与传统相互融合的各色客栈、酒吧、特色小店取代了传统的商业，有效促进了新兴旅游经济的发展，而商人、艺术家、文艺青年等各类人群都在丽江找到自己想要的生活方式，并逐渐成为古城的居民。

图 4-4　少数民族传统手工艺和文化

2. 保护与开发兼顾的创新管理模式

（1）实现旅游反哺古城维修。丽江古城从 2001 年起向游客征收古城维修费，在 2007 年加大古城维护费的征收力度，将古城维护费加入住宿费之中，截至 2009 年底累计征收 9 亿余元，为丽江古城的环境整治提供了强有力的资金支撑。古城维修费的征收，为丽江文化遗产的保护提供了充足的资金支持，实现了旅游对文化的反哺。

图 4-5 丽江旅游一卡通

（2）推行“一卡通”，规范旅游秩序。2001 年 8 月，丽江成立“一卡通”旅游服务有限公司，成功开发了“旅游行业交易、结算及管理平台系统”，实现了星级酒店、主要旅游景点和旅行社的电子网络结算。该系统的使用保障了资金及时结算，有效遏制了旅游过程中的违规操作，是国内旅游消费市场规范与管理的一个创新举措。

（3）发挥行业协会职能，形成行业自律机制。丽江充分利用行业协会进行市场管理，鼓励成立旅游综合性和专业性行业协会，完善旅游中介组织机构，充分发挥中介组织机构和协会的自律、监督、服务功能，并将旅行社年检、旅游饭店星级评定、导游等级评定初审权等政府职权，逐步下放给旅游行业协会和中介组织机构，建立了企业量化分析制度、诚信等级制度，用制度规范旅游企业经营行为，加强企业管理制度。

（4）推行标准化提升旅游品质。2010 年 6 月，丽江入选全国首批旅游标准化试点城市，拉开了丽江旅游标准化的大序幕，并将重点放在国家标准、行业标准的全面贯彻推广和地方标准的制定实施，旅游标准体系和企业标准体系的构建；城市旅游公共信息导向系统、城市公厕、交通沿线旅游厕所的改造、提升、完善；配套完善城市旅游集散中心和旅游信息咨询中心；地方标准的制定申报；全面开展绿色饭店的等级评定和申报工作等方面。

### （二）南京夫子庙商业街

夫子庙商业街位于夫子庙南段，东起姚家巷，西至大四福巷，南临秦淮河北岸，北邻健康路东段，总长约 0.21 千米。夫子庙商业街历史悠久，夫子庙在明代就作为国子监科举考场，周边就文人荟萃、商贾云集。1985 年，南京市政府修复了夫子庙古建筑群，将临河的贡院街一带建成古色古香的旅游文化商业街。[①] 近年来在政府的引导下，夫子庙地段以商业与旅游并举，大力推进街区整体提升，全面实现商业业态升级。每年举办的"夫子庙灯会""秦淮之夏"等文化和商贸活动成了街区的品牌。目前，夫子庙商业街区日人流量达 20 万人次，节假日高达 30 万—40 万人次。其在开发建设过程中，借助旅游业发展的契机，推动商业整合升级的模式，为同类型历史文化街区的发展提供了很多宝贵的经验。

---

① 冯正一：《南京市主城公共中心体系及湖南路商业中心分析研究》，载《城市建设理论研究》（电子版），2013 年第 23 期。

图 4-6　南京夫子庙

1. 坚守业态特色,传承文化特征

夫子庙商业街以经营小商品及文化产品为核心特色,从而避开了与南京其他城市商圈的正面竞争。整个街区的商业业态大致分为三种类型:文化用品经营、小商品经营和地方小吃。丰富的文化

图 4-7　特色商业街

产品和特色小商品，彰显了街区的文化商业价值和文化品位；品种繁多的地方小吃形成了独特的饮食文化。

2. 保护老字号，扩大品牌影响力

图4-8　夫子庙商业街传统老字号

老字号是一个商业历史的见证，是一座城市商业文化的名片。夫子庙商业街区大力扶持知名老字号企业，引导企业开设连锁店、特许加盟店，增强老字号活力。除“奇芳阁”“莲湖”“晚晴楼”等知名度较高的一批老字号外，通过引入民营资本、行业协会介入等方式，对永顺居、奇乐园等闲置老字号商标实现盘活再利用，重振老字号品牌。

3. “腾笼换凤”模式，提升商业档次

街区通过加快特色优势产业的调整升级步伐，促进质量和效益同步提升。一是大力提升商贸业态。街区适应市场需求，加快“腾龙换凤”，淘汰低端业态，引进国际一线品牌，提高街区消费档次。

二是充分发挥街区地段、文化、商业、环境和品牌优势，吸引人气，做全做优吃、住、行、游、娱、购的配套，形成独具特色的“夫子庙经济圈”。

4. 策划节庆活动，激发消费潜力

夫子庙灯会的成功举办，不单为街区赢得人气，还带动了商贸餐、饮业等相关产业的发展。借鉴灯会经验，进一步挖掘街区内涵，丰富街区传统活动和特色活动，如孔子文化节、夫子庙美食节、开办文化名流论坛等，力争在节庆规格、国际影响、公众参与、消费拉动等方面有新的突破，以常态化节庆活动提升夫子庙的影响力，增加人气以刺激消费和吸引投资。

5. 拓展招商载体，推动商业地块增值

夫子庙商业街密切联系景区店铺资源大户，引导业主转变观念，协助引进品牌型、总部型企业，形成“业主的租金、商家的利益、政府的税收”的多赢局面。对景区内大批税收贡献小的个体工商户，通过税费等经济手段，使其丧失低成本的运营空间，倒逼其提高经营档次，在优胜劣汰中腾出更多优质载体。

整合利用周边资源，扩大商业街区范围，按照各条主街的功能定位，实现“一街一品”“一家一特色”。向周边空间继续拓展，引进国际知名休闲品牌和拍卖行；建设古钱币展览交易中心；推进高档商务楼宇开发，打造文商繁荣、总部云集的老城南商务办公中心。

图4-9　夫子庙灯会

### （三）乌镇

乌镇地处浙江省桐乡市北端，京杭大运河西侧，西临湖州市南浔区，北接江苏苏州吴江区，为二省（浙江、江苏）三市（嘉兴、湖州、苏州）交界之处。乌镇镇域面积71.19平方公里，建城区面积2.5平方公里。

图 4-10　水乡乌镇

1. 核心思想和多元价值

“共生思想”原意是指经济体之间发展与协作应遵循的原则，但它内含“包容、融合、统一、协调”的思想，具有广泛意义，是乌镇开发和管理的核心思想。乌镇是历史悠久的江南水乡古镇，水乡古镇特有的风貌和格局仍保存完整。乌镇的美恰恰也体现在自然、建筑、文化和谐共生之上。乌镇东栅、西栅景区各自独立，水镇浑然一体，形成“水、桥、巷”和“铺、戏、寺”等独具江南韵味的建筑。建筑的格局体现了中国古典民居“以和为美”的人文思想，呈现一派古朴、明洁的幽静，是江南典型的“小桥、流水、人家”枕河而居的风格。只要走进乌镇的街巷，踩着发亮的青石板，就会唤醒许多尘封的故事，游客的内心会随着穿越时空的思绪而享受着属于自己独有的记忆。

图 4-11　小桥、流水、枕河人家

2. 保护定位及发展策略

图 4-12　乌镇东栅

乌镇一期东栅景区采取“老街＋博物馆”的传统古镇开发模式，是与其他古镇类似的“观光型”景区。1998 年编制的《乌镇古镇保护规划》，明确了乌镇古镇保护和旅游开发的整体发展方向；1999 年制订了《乌镇古镇首期整治保护总体规划》和详细的修复与整治方案，开始实施乌镇古镇保护与开发的东栅工程，简称“东栅景区”。东栅古镇保护一期工程的成功,保护了乌镇宝贵的历史风貌和遗产,同时也给乌镇的地方经济带来了蓬勃生机。但由于开发的面积小,仍有大量的经典明清建筑群尚待保护修复,加上受地理环境的限制,存在着无法为游客提供更完善服务的问题。

基于此,在2003年乌镇启动省级重点项目——乌镇古镇保护二期工程(西栅景区)。二期西栅景区的开发,则以历史街区再利用为思路,以休闲度假古镇旅游目的地为功能,打造一个中国首创的“观光加休闲体验型”古镇景区,古镇不再仅仅是一个“活化石”“博物馆”,而是完美地融合了观光与度假功能,成为一块远离尘嚣的安谧绿洲。

3. 西栅景区的度假配套

乌镇西栅景区度假空间营造的关键字是“整治、改造、注入、配套”。相对于东栅质朴风格,乌镇西栅街区真正呈现了原汁原味的江南水乡古镇历史风貌。二期的保护开发更加完善彻底,人和环境、自然、建筑更为和谐。景区内保存有精美的明清建筑25处,横贯景区东西的西栅老街长1.8千米,两岸临河水阁绵延1.8千米余。内有纵横交叉的河道近万米,形态各异的古石桥72座,河流密度和石桥数量均在全国古镇罕见。景区北部区域则是5万多平方米的天然湿地。①

① 李霞、朱丹丹等:《谁的街区被旅游照亮——中国历史文化街区旅游开发八大模式》,化学工业出版社2013年版,第193页。

街区内的宗教建筑、名胜古迹、民俗风情、经典展馆、手工作坊让人流连忘返，完美诠释了“水光潋滟晴方好”的意境。西栅向游客提供不同档次、风格迥异的住宿场所以及独具江南人家风情的民居等，可同时供一百万人入住。历史建筑的多样利用，将原有厅堂改造成小型旅馆、特色酒店、会议中心和商务会馆。在西栅，不单可以享受多种休闲观光，还可以参与当地居民活动、创意区、制作 DIY

图 4-13　枕河度假酒店

纪念品，深度体验“小桥、流水、人家”的民俗风情。此外，所有现代化信息硬件、配套服务和设置一应俱全，真正实现历史、文化、自然、环境、人文有机融合。

乌镇以“整体产权开发、复合多元运营、度假商务并重、资产全面增值”为核心。观光与休闲度假并重，门票与经营复合，实现了高品质文化型综合旅游目的地建设与运营。[①] 在乌镇的模式中，门票收入占 1/3，酒店的收入也占到公司总收入的 1/3 左右，是重要的收入和利润来源。

① 周盼：《以乌镇为例浅谈旅游开发模式中历史街区的保护与发展》，载《工程建设与设计》，2012 年第 7 期，第 35 页。

# 第五章 平江历史文化街区品质提升的策略

历史文化街区是城市商业经济发展的“新载体”，是城市旅游经济的“名片”，是城市历史文化的“博物馆”，是展示城市形象的“窗口”。通过前文的叙述，平江历史文化街区存在的问题已在一定程度上制约了街区在经济转型中作用的发挥。把平江历史文化街区建设成可持续发展、延续吴地商业文脉、具有较强商业凝聚力和辐射力的特色街区，科学制定管理体系、长远发展规划是当务之急。

## 一、科学制定管理体制，完善运作机制

平江历史文化街区承担着诸多重要任务，每年的官方接待任务约 400 起，每年的游客量约 400 万人次，还要肩负着城市形象展示、文脉延续、商贸的集聚和辐射等职能，制定科学、可行的管理体制势在必行。

### （一）科学制定管理体制

体制是确保机构履行职责的基础和保障，科学的体制是街区健康发展的必要条件。街区现有的管理机构是街区管委会，虽然已成

立一年多，但至今仍未实体化运作。我们认为，再新设立一个机构，或改由其他部门来管理平江历史文化街区是完全没有必要的，关键是要将其内容进行固定，即厘清街区管委会的职责，完善相应的配套制度。

1. 科学制定管理体制的必然性

作为平江历史文化街区的管理和协调机构，街区管委会负责姑苏区现有街区及未来新增街区的管理工作，包括市容、环卫、卫生、环保、交通、治安、河道、文物、市政、绿化、旅游、工商等，涉及内容面广量大，还要完成街区所承载着的重要使命，制定科学的管理体制是街区发展的必然选择。此外，街区管委会的体制设计必须是高起点的，这样才能与其职责相适应，确保街区的可持续发展。

2. 顶层设计

首先要制定《姑苏区历史文化街区管理办法》(以下简称《办法》)。在《办法》中明确管理范围、依据、管理要求、管理目的、违规应承担的法律责任等，内容涉及市容市貌(规划风貌)、经营业态、食品卫生、治安与交通、市政和水务、人口结构、房屋租赁、腾迁、公建配套、卫生保洁等。依据管理职责明确成员单位，各成员单位实行派驻办公，实行双重管理，无派驻条件的安排专人进行例行管理，即对口联络。

其次要制定《姑苏区历史文化街区景区管理委员会议事规则》(以下简称《议事规则》)。在《议事规则》中明确街区管委会、属地管理办公室的职责，议事的内容、程序和要求。在各部门独立工作的基础上，一方面通过多种形式、不同层次的会议，互通信息、资源共享，对具体问题多管齐下、形成合力，以最有效、稳妥的办法处理各类矛盾；另一方面，研究街区管理中的重大问题和重点政策，部署重要任务，比如：研究街区管理的体制、机制和相关制度问题，确定职责和分工，下达工作任务，实行目标管理，统筹推进、协调、指导、监督和考核街区管理各项工作，研究解决街区管理中的重大问题。

再次要明确部门职责分工。对街区内的工作内容进行梳理，对应各部门的自身职责，以文件形式固定其在街区管理中的职责。

最后要制定考核办法。对照各个组成部门的职责，在《办法》的范畴内对履职情况进行考评，奖优惩劣。为确保考核制度能够落到实处，建议按一定比重提取街区上一年度的营业性收入，作为工作考核经费，根据考核结果发放。考核结果也作为政府对部门效能考核的组成部分，提高考核的权威。

3. 属地管理办公室作为街区管委会的下设部门，具体负责街区管委会的日常事务

(1) 负责街区管委会日常工作，筹备会议，起草有关街区管理的文件，处理街区管委会的日常事务。

(2) 传达贯彻落实街区管委会的工作部署和工作安排，承办街区管委会交办的具体工作。

(3) 负责参与街区管委会组织实施的街区管理工作的考核，与街区管委会各组成部门沟通协调，上传下达，履行协调、指导和考核职能。

（4）对街区管理日常工作和综合整治活动进行组织、指导和协调。

### （二）完善运作机制

机制是体制能落到实处的途径和手段。根据自身的职责和配套的制度，街区管委会和平江历史街区管理办公室要完成各项工作和任务，还须制定相应的运作机制。

1. 专人派驻

街区管理所面临的问题具有即时性、突发性和敏感性，需要有行之有效的应急处置能力，一旦处置不及时或不得当，会产生负面效应，影响街区的口碑，甚至造成严重后果。由此可见，实行专人派驻制度是街区管理的内在要求。派驻模式根据工作实际和各单位实际，可采取常驻、派驻和例行管理的形式。如图 5-1 所示。

街区管理是各成员部门的工作内容之一，实行派驻制度，一方面派驻人员代表职能部门专职履职，避免推诿；另一方面也是为了街区更好、更长远的发展。

2. 责任到人

结合各组成部门自身职能和街区管理的要求，明确派驻人员的职责和考核。派驻人员是依据部门职能进行日常工作的，但具体到个人，其职能又不同于部门职责。派驻人员不但要完成部门所承担的义务，还要负责信息传达、相互协作，接收本部门和街区管委会的双重领导、考核等。因此，将责任细化到人，强化责任感，更有利于工作的开展。

3. 联动机制

街区管理中的问题，往往牵涉几个部门，单一部门执法管理难以取得理想的效果。比如鸡脚店，就牵涉到工商、食品卫生、环保等部门，每个部门都有权管理，但也只能对各自职能范围内的违章(法)行为进行处置，而其他的违章(法)行为仍旧存在，达不到管理目的。

实行联动机制，集中多个部门的管理权限，形成合力，对违章(法)行为进行全方位的执法和管理，能取得“1 +1 >2”的效果。以餐饮为例，鸡脚、油炸食品、臭豆腐、奶酪等成了平江历史文化街区的“特色”小吃，这些小吃的经营商家有些售卖的是三无产品，有些占道经营，有些在加工中产生气味，有些卫生令人担忧……当然这些小吃只是街区“问题”经营的代表，还有其他店家也存在类似的问题。通过多部门联合整治，对存在问题的商家分类而治，即规范部分商家的不文明经营行为，整改部分不符合街区要求的商家，清理部分有损街区风貌和环境秩序的商家，提升街区商业的品质。

4. 与文物部门的互动

平江历史文化街区是对古迹遗存进行保护性的开发和利用，保护是基础。由于体制问题——文物局属市级单位，只能实行例行管理，而例行管理的力度不比派驻和常驻管理，因此街区管委会在做好大量基础性工作的前提下，倒逼文物部门对平江历史文化街区的文物给予更高的关注和更大的保护力度。一是建立日常巡查机制。

对街区内的所有文保建筑、控保建筑、名人故居、古井、古桥、古牌坊等建立档案，安排专人定期实地检查、拍照摄像，并将采集情况录入档案。二是将收集到的情况进行梳理，一经发现有损坏古迹行为的，或有古迹发生老化、破损等情况的，及时向文保部门通报，争取及时处理。三是邀请文保部门参与街区管委会的例会，互通信息。并建议拓宽文物保护的渠道，统筹规划保护修缮工作：以市区政府两级财政资金为主，吸纳社会力量参与，邀请保护志愿者全程参与修缮，尤其是具有相应专业知识及能力的个人或者企业。

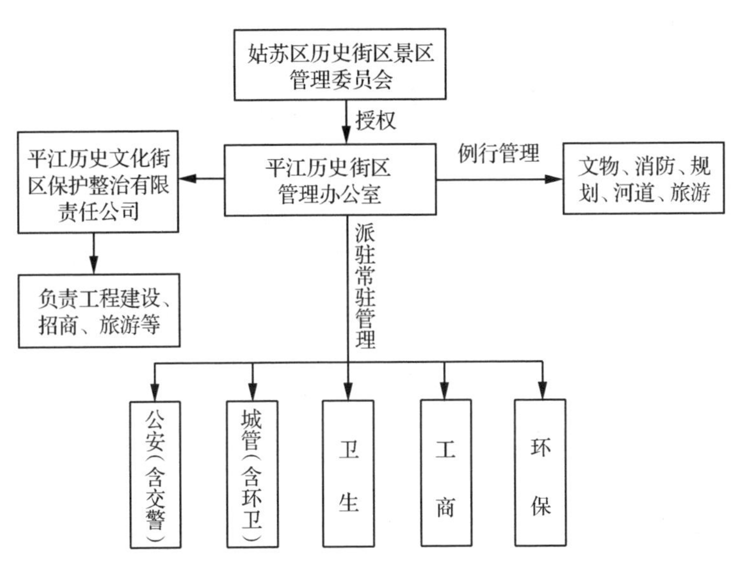


图5-1 平江历史文化街区管理组织结构

## 二、解决历史遗留问题，促平衡强辐射

平江历史文化街区在坚持“原真性、整体性、可读性、可延续性”的原则下进行了整治和开发，然而由于种种原因并未完全达到

这个目标。再具体些，是“整体性”没能充分实现，如沿街门面存在私产、整体发展不平衡等，确实给管理工作带来了不便，影响了可持续性发展。所以必须要重视这些历史遗留问题，寻求解决途径以除去街区发展的后顾之忧。

### （一）私产的“转换”

私产的存在给管理带来了很大的难处，重点是在业态的失控和与街区风貌的不完整。经调查，平江路的私产主要是位于中张家巷以南的路段，主要以经营零售和小吃为主。相对来说，这边的人气要弱于北段，有实现“转换”的可能性。

#### 1. 高压管理

这些“私产”店家在平时的经营中，确实存在一些问题，如占道经营、食品卫生、证照不全等。在街区管委会的统一部署下，各职能部门进行高频率的联合整治，依法实施处罚，形成高压态势，旨在使其规范经营、服从管理和落实整改。

#### 2. 国资跟进促“转换”

这些店家一旦规范经营后，会在一定程度上影响其经营利润，这时由国资与业主谈判，通过减税、贷款贴息、产业扶持等优惠政策引导其业态。对于部分不想继续自行经营的业主，采取以市场价由国资租赁或收购的形式，将其纳入街区统一管理；对于继续自行经营的也按统一标准规范到位。通过上述措施，逐步“转换”部分私产和责令整改，以期实现“整体性”。

## （二）平衡街区发展

### 1. 平衡街区内的发展

平江河两岸的情况有天壤之别，究其原因应该是由交通条件和建筑性质所决定的。经现场了解，河西岸的小路中段有断档，不是连续贯通的；房屋基本是住宅。鉴于此，在“公平、公正”的基础上，由国资推进新一轮的收购。对收购成功的住宅进行改造、招商；对不愿被收购的住宅，政府在政策上对这些居民进行扶持，改住宅为“民居住宿”。一方面可以让原住民提高收入，共享街区发展的成果；另一方面，可以让游客享受到廉价的旅居，在看完苏州的“小桥、流水”后，也能更深一步地体会到苏州的“人家”，最重要的是使西岸和平江路形成呼应，整体共进，提高街区的吸引力。

另外，对于年久失修、房主坚持继续居住但又无力维修的私房，一经核实，政府从“以人为本”的原则出发，提供一些资助或维修服务，在确保房屋安全的同时，统一街区整体风貌。

### 2. 强化街区辐射作用

目前，平江路北延段虽然人气旺盛，但在这一段，杂乱无序情况严重：无统一业态布局，无苏州特色。我们认为应该将平江路延伸段和白塔路纳入街区管委会的统一管理，取缔、整改、规范并施，回归正常经营秩序。在严格管理的同时，由平江管理公司进行引导和扶持，逐步改变业态、统一风貌，将其作为平江历史文化街区商业的补充和服务的延伸，使其充分享受到街区高人气带来的辐射，也为游客带来更多选择和便利。

图 5-2　平江路南段沿街风貌样本

## 三、健全街区功能，完善配套设施

在历次的《苏州历史文化名城保护规划》中，平江街区的主要功能被定位为“水乡特色的休闲旅游”和“居住”。这就明确了平江历史文化街区的功能，以及与之相应的配套设施。

### （一）整体策划街区功能布局

1. “居住”的功能策划

平江历史文化街区是街区和社区的综合体，一定要树立“合二为一”的理念。离开了社区，离开了原住民，也就失去了街区的原真性。通过把古宅利用为幼儿园、社区卫生所等来完善社区服务功能，以优质的衣、食、住、行、医、教等城市生活服务留住、吸引原住民在平江历史文化街区“安居”；通过政策导向和国资运作，为原住民提供一定创业和就业条件，使他们能在街区内“乐业”，从而有效延续街区的原真性。

2. “休闲旅游”的功能策划

平江历史文化街区的“文化性”“开放性”“体验性”，是其区别于其他特色街区、旅游景点的特征，这些特征也为其所必须具备的旅游功能进行了定位。首先，要推出独特的优质旅游资源。这些资源必须要具备“历史真实性”“独特的空间格局和城市肌理”“原住民生活的延续”的内涵。因此，街区应尽快完善部分遗存的修缮，有计划地逐步推出已修缮完毕的遗存，丰富游客的选择。其次，完善旅游的配套服务。现在到街区的游客已不仅仅满足于观景、购物等较浅的消费模式，他们希望通过所见、所闻、所感全方位多元化地品味街区的古、物、水、人、风俗等特色。[1] 抓住“吃、住、行、游、购、娱”六要素来进行整体策划,如,街区应加强管理,提供宜人的旅游环境;引进一批本土舌尖上的美味;增加一些融入吴地文化的特色宾馆……满足体验游、深度游的需求。

### (二) 完善配套设施

结合街区产业布局、游客需要和居民生活需求,提供切实高效的配套服务。街区范围内的配套设施,不仅仅要具备相应的功能,还应是街区风貌的点缀。

#### 1. 环卫设施完善

街区内的环卫垃圾桶不但有收纳的功能,还应与整体风貌相一致。鉴于此,街区内配置的垃圾箱,外观制作要古色古香,在其表面配上平江历史文化街区的LOGO或街区内遗存的缩影画,让游客看到垃圾箱就知道这是在平江历史文化街区而不是在其他地方,既美观又有辨别功能。垃圾房的外立面和屋顶,也应当装饰成粉墙黛瓦,将之融入街景不显突兀。增加移动垃圾箱,以备节假日期间应急之需。

#### 2. 增设休息长椅

街区内长椅缺乏是不争的事实,解决的办法有两个。一是在较宽路段沿河一侧增设长椅;二是借商家自设的椅子,在非高峰期间

① 刘旭:《城市特色街区建设与发展探析》,载《工作研究与建议》2008第8期,第22页。

供游人休息,这样一来变商家占道经营为服务公众,使商家、游客和执法部门“三赢”。另外在部分有条件的地方,设置的长椅可配备雨篷,为游客遮阳、遮雨,在成为靓丽风景的同时,也尽体现了“以人为本”的服务意识。

诚然,需要完善的配套设施还有很多,比如交通微循环、排污管网延伸等,都应本着服务街区内的生活、旅游、经营、学习的宗旨,在具备足够功能的基础上,通过独具匠心的设计,尽量体现街区管理方的人文关怀。

## 四、特色定位,完善措施,制订发展规划

街区的可持续发展,取决于街区商业的定位和相关措施的保障。通过挖掘吴地文化、融入非物质传承、完善民众参与和强化科技手段等,科学规划街区的发展蓝图。

### (一)规划商业业态发展

平江历史文化街区不同于一般商业街,具有不可复制性,承载着增加商贸集聚能力和辐射能力的使命,还肩负着原住民分享街区发展的愿望,设计街区商业发展规划有着极其深远的意义。

#### 1. 合理布局商业业态为居民提供就业条件

平江历史文化街区是集居住和旅游为一体的特色街区。根据这一特点,可将街区的商业定位为生活服务型和旅游服务型。在街

区的商业中，不仅要有特色商品店铺，还应有为约8000户原住人群提供生活配套服务的普通商业。特别是比较贴近人们生活的传统小商业店铺，比如一些小日杂店、理发店、修理店等，虽然看起来很不起眼，却是最符合人们的消费习惯和方便大众的设施。仅从旅游出发的业态布局，脱离于原住民的生活，失去了平江历史文化街区应有的内涵——生活的延续性。

根据消费者多为原住民的特点，通过政策扶持，可利用部分自住房屋进行经营。根据服务生活的特点，可将便民店的业态控制在规模小、投资少、技能要求低的范围内，降低门槛。此外，再根据购买力设计店铺密度，在便民的同时又保证经营业主的利润。保持两种商业业态共存，满足街区内不同人群的使用需求。

2. 重塑本地传统文化产业为主的业态

与旅游市场的一般商业相比，传统文化产业有着双重优势：一是附加值高，投资成本相对较少；二是文化产业特别是传统旅游产业受市场的冲击相对较小。传统文化产业具有唯一性和不可复制性，这种特性将有效规避同质化现象，并将产生巨大的市场感召力，赢得稳定、持久的客户群和游客群。①

姑苏菜肴魅力独特，原料以河湖港汊、田园山野出产为主，天上飞的、水里游的、树上结的、田里长的无不可以入菜，同时不排斥南北异域原料。技艺以烧、煨、焖、炖、蒸著称，形态多样，色彩和谐，味

① 滕丽霞：《传统古文化街区旅游开发的市场分析与策略——以苏州山塘街为例》，扬州大学硕士论文，2007年6月，第15页。

道鲜美,浓而不腻,清而不淡,应时而变,因人而异。苏州小吃历史悠久亦闻名天下,是四大汉族传统小吃之一,老字号小吃有采芝斋、黄天源、哑巴生煎、朱鸿兴面馆、绿扬馄饨等。

苏州的民间艺术品品种繁多,有缂丝、刺绣、玉雕、木雕、牙雕、核雕、瓷刻、竹刻、剪纸、泥塑、草编、灯彩、九连环、民俗挂件等上百个品种,琳琅满目,精彩纷呈。苏州的茶文化、园艺、遛鸟、评弹、昆曲等也是独具苏式生活元素的内容。

图 5-3　苏州餐饮老字号

图 5-4　缂丝作品

为使具有苏州特色的小众商品能更好、更多地得到游客的认可和喜爱，可以通过政策引导、招商引资等手段，大力引进与苏式生活相关联的业态，让身在街区的游客既能感受苏式生活的整体状态，又能深入体验苏式生活的独特神韵。

3. 创意传统手工艺增加商业凝聚力

以传统商品、手工艺为基础，根据市场的需求，通过改进工艺、融合现代和传统技术，推出人们喜爱的创意商品和乐于参与的活动。有些手工艺可以将其中容易操作的工序让游客参与，比如桃花坞木板年画，可以设置若干块板片，每一块板片都是独立的一景，合起来是平江历史文化街区的全景，制作成单色调，其中印刷部分可由游客操作，再由游客购买后带回家留作纪念；同样，檀香扇的手工制作的拉花工艺亦可由游客进行，以增加游兴；乐器制作，同时有演奏人员，并备有管弦乐器，感兴趣的游客可参与演奏表演。[①] 再比如九连环，在将传统制作工艺和材料改进的基础上，将九连环的各种玩法制作成 VCR 作为商品附属品一起出售，这样游客在购买一件商品的同时还获得了玩法，一方面游客愿意去买，另一方面增加了商家的收入，一举两得。

将传统工艺和创意相结合，既增加游客的兴致又丰富街区的商业，形成平江历史文化街区自身特色的商业业态，增加街区商业的集聚能力。

4. 延续多样的商业活动

街头摊点历来是市井文化的体现，也是解决部分居民就业的途径，能为街区带来大量驻足停留的人群，丰富城市空间层次，满足了不同层次消费需求。以疏导点的形式，在平江路上有条件的地方划定摊位，设置小棚屋，引进一批不同于店面经营内容且与街区相适应的摊贩，在不影响交通、不影响环境、无安全隐患的前提下进驻街区经营，作为店铺经营的补充，比如小手工艺品、饰品、写字作画等，能较好地丰富街区的商业活动。

① 滕丽霞：《传统古文化街区旅游开发的市场分析与策略——以苏州山塘街为例》，扬州大学硕士论文，2007 年 6 月，第 14 页。

图 5-5　桃花坞木刻年画

## （二）融入非物质传承出商业亮点

柯林·罗在《拼贴城市》中认为：城市是历史的沉淀物，每个时期都在城市中留下自己的印记。平江历史文化街区在 2500 多年中，集中了太多的人和历史的印记，除留下建筑、空间格局等物质类遗存外，也留下了大量的文化传统、人情民俗等非物质类传承。将这些非物质传承与街区的商业结合，更能凸显平江历史文化街区独一无二的特色。

### 1. 商业融入民俗文化

将吴地民俗文化与商业融合，使之成为本土文化和历史展示的重要载体。平江路的晒书节就是典型的案例。苏州早年间就有晒书的传统，初夏时分，书香门第晒书，百姓人家晒衣，寺庙则大晒佛经,这都曾是一道独特的风景。以“说书、读书、藏书、荐书”为主题的平江晒书节,既体现了活动独具的内涵,又为平江路带来了人气。类似的中国传统节日也可以融入街区的商业中,进一步挖掘街区的文化内涵。如果说平江晒书节是知识和文化的盛宴,那么元宵灯会、七夕情人节、初五迎财神等则是苏州传统生活习俗的集中展现。当十余种几乎失传的传统游戏在平江路沿线再度上演,人们在

图 5-6 平江晒书节

回忆、重温、感受记忆的同时，都情不自禁地跨越时空界线，领略老苏州的悠长意境。

2. 推广口传文化

在平江历史文化街区，存在着大量的遗存和历史名人，关于这些人和物的传奇事迹和奇闻逸事也是街区的组成部分，是街区品牌的“软实力”。对于游客喜闻乐见的传说，获取的渠道似乎只有书籍和网络，其局限性显而易见：要么叙述乏味，要么记载不全。这些非物质“宝藏”，只在街区内的长者们的记忆中才能找到，可由他们作为街区的“志愿讲解员”，向中外游客娓娓叙述那些尘封的故事，原汁原味的苏州的味道不言而喻，让游客体会到纯正地道的吴地文化，也让这些非物质类传承流传得更广、更远。

3. 突出水元素

在拥有水系城市的旅游中，对水的利用无非是游船和漂流，方式比较雷同和单一。在水乡苏州也采用这样的方法，却是对水资源的浪费。结合水系的情况，融入本土文化，推出多种水上项目才是出路。首先，船夫穿着的“水乡”化，苏州农村妇女们的传统打扮是梳鬅鬅头，扎包头巾，穿拼接衫、拼裆裤、百褶裙，裹卷髈，着绣花鞋，将之作为女船夫的标准“工作服”，将水文化和苏州传统相结合，再在行船时辅以水乡歌谣加以点缀，在随水一起荡漾的歌声中，浓浓的“苏州水乡”味道令人印象深刻。其次，在水面较宽的码头处或和水陆交叉处，设置船上摊点，让游客体验“水上购物”，相信这样的购物经历一定是充满了乐趣，令人难忘。再次，根据季节，推出系列水上体验式活动,如随船品茗、船上小酌、船上写生、船上摄影、船上婚礼等,坐在船上,从不同的角度看着街区的小桥流水、枕河人家,沐浴着水的灵气,心里荡漾着别样的乐趣。通过水文化,体验街区"慢"生活。

图 5-8 女船夫"工作服"样式

### (三)建立旅游联动机制

漫步在街区,更多的游客是希望通过视觉、味觉、嗅觉、听觉等感官来感受街区的味道,充分理解城市的内涵和特色。整合旅游资源,让游客有不一样的回味,是街区旅游发展的方向。

1. 街区内部遗存串联

在平江历史文化街区不大的范围内,集中了世界文化遗产 1 处,全国重点文物保护单位 2 处,省市级文物保护单位 15 处,控保建筑 45 处,还有名人故居 20 多处,古桥 10 余处,古牌坊 4 座,古井 100 余口。历史建筑,尤其是其中的深宅大院和名人故居是苏州古城的重要标志和象征,也是街巷中最有价值的文化遗产之一。这当中有为人所熟知的耦园、礼耕堂等,旅游资源丰富。根据遗存的类别和地理位置的不同,可分为古井游、古桥游、名人故居游等,也可以将这些资源整合,比如古桥—古井—名人故居游,并将整合类的旅游线路进行梳理,可以组成几条经典线路,供游客参考。将这些古迹纳入官方推荐的旅游景点,不但丰富了游客的选择,还提高了旅游经济效益。

2. 街区与外部遗存联动

与周边的旅游资源联动,将街区和这些景点进行联游,共享旅游资源,最大程度发掘潜力,为游客提供更优质、全面的旅游服务和选择,形成多赢的局面。此举必将对街区及周边旅游经济起到推动作用,也将成为苏州旅游业中的创新点和亮点。

联游既是对街区内外旅游资源的整合,也是对旅游线路和交通方式的整合,旨在提供选择、方便游客。门票可采用优惠联票制形式,兼顾街区内外景点。在交通工具选择方面,街区也应根据实际情况提供水陆两种,可由水路直达的,安排船只;水路不能直达的,安排汽车或人力三轮车。联动旅游,不但为游客提供更多的选择、优惠的价格,也提供了不同观景角度和体验。

### (四) 搭建沟通平台,构建"智慧街区"

1. 搭建"智慧街区"沟通平台

街区的建设、管理和发展需要民众的理解和支持,要在平等互惠的基础上,本着以人为本的原则,形成良性互动。对于街区内的原住民,他们最根本的愿望就是能在街区安居乐业,所以满足他们的合理夙愿——提供良好的生活环境和就业机会(前面的“平衡街区发展”“健全街区功能,完善配套设施”、“商业业态发展规划”的叙述中已有提及,不再累述),他们就有了更高的热情参与街区的建设。对于街区外的民众而言,他们愿意将自己游街区的体会与人分享,当中有攻略、有建议、有喜悦、有不足……这对于平江历史文化街区管理办公室和街区的潜在游客都是一笔宝贵的财富。

(1) 原住民的参与。以平江历史街区管理办公室为扎口,建立社区、平江管理公司和平江历史街区管理办公室三个层次的“纳谏”平台,广开言路。平江历史街区管理办公室定期汇总原住民的意见和建议,在对材料梳理后,通过街区管委会的平台分到各个职能部门,并将处置意见进行回复。对于高质量、有可行性的建议,通过一定的形式给予鼓励和奖励,以提高民众谏言的积极性。平江历史街区管理办公室还可以站在街区管委会的层面上,将纳谏和信访结合起来,借助于群众的智慧来处理一些棘手、复杂的投诉,提高信访的办结率,增加原住民对管理部门的认可度。

另外,平江历史街区管理办公室可以通过与民众、商家、学校、单位进行互动,形成更广“民众参与”的局面。比如举办《我和街区的故事》等系列征文活动,提升原住民的自豪感;通过“消防进社区”“文保进校园”“小手牵大手爱护街区”等活动,宣传普及相关知识,提高民众爱护街区的意识。

(2) 街区外的民众参与。对于街区外的民众,平江历史街区管理办公室应开通网络平台,建立游客反馈渠道。在网络平台中,设置建议、留言、旅游攻略、游后感和网站推荐等子栏目,将收集到的优秀文章和建设性建议放在网站推荐栏目,以便大家共享,也以这种方式来提高游客交流的积极性。

2. 构建"智慧街区"立体网络

与传统宣传手段相比,数字技术更具即时、直观、持久和灵活等特点,将之运用到街区的管理和发展中,能起到立竿见影的效果。

(1) 电子地图全覆盖。将平江历史文化街区内的所有遗存、商家、街道小巷、河道,及周边道路、景点进行打包,制作成"平江历史文化街区电子地图"供游客免费下载。如今的平江路已经开通了WIFI,通过数字网络,只要游客进入平江历史文化街区,就自动发送街区电子地图免费下载链接的提醒短信。游客在安装了电子地图后,可以很容易地了解街区的整体情况和"我的位置",能在最快的时间内轻松地找到景点、餐馆、宾馆等,为游客提供便利。

(2) 制作遗存"身份证"。利用数字技术,为每个遗存制作二维码,在二维码源网站附上遗存的简介、典故和图片等材料。游客通过手机扫描,可以很方便地看到这些内容,省去很多查阅的时间,普及了遗存的知识,也增添了旅游的乐趣。

(3) 声像宣传。在平江历史文化街区内,安全和防盗是两个很重要的内容,在节假日期间,显得尤为突出。利用电子屏幕和扬声器,滚动式播放消防、防盗、文物保护、人流分布情况、旅游法规、卫生习惯等公益性内容,可以提高人们的警惕性和改正一些不良习惯,避免了一些可以防范的人身伤害、财产损失和环境污染。不但对游客是如此,对街区内的商家、居民均有不同程度的宣传作用,防患于未然。

# 参 考 文 献

## 一、著作及期刊类


[1] 王景慧,阮仪三,王林.历史文化名城保护理论与规划[M].上海:同济大学出版社,1999.

[2] 王景慧,阮仪三.历史文化名城保护理论与规模[M].上海:同济人学出版社,1999:44-45.

[3] 傣继刚,楚义芳.旅游地理学[M].北京:高等教育出版社,1999:216-217.

[4] 云南省旅游局.导游业务知识[M].昆明:云南科技出版社,2001:1-3.

[5] 李霞,朱丹丹等.谁的街区被旅游照亮——中国历史文化街区旅游开发八大模式[M].北京:化学工业出版社,2013:52-58.

[6] 白世瀛.旅游特色街区的现状及发展研究[J].上海商学院学报,2011:102-104.

[7] 蔡梦婷.论历史文化街区的保护与更新——以苏州山塘街为例[J].重庆科技学院学报,2012(12):151-153.

[8] 金麒,王明非.城市传统民居的保护与再利用——以苏州平江路31号改造为例[J].福建建筑,2010(6):33-35.

[9] 刘旭.城市特色街区建设与发展探析[J].工作研究与建议,2008(8):21-23.

[10] 宋长海,楼嘉军.上海休闲旅游特色街空间结构及成因研究[J].旅

游学刊,2006(8):13－17.

[11] 王颖.城市文化特色街区旅游开发存在问题及优化对策——以南京夫子庙为例[J].江苏商论,2012(8):114－117.

[12] 吴俊.基于功能演化的商业特色街区管理模式探析[J].商业时代,2012(4):18－19.

[13] 徐辉.城市特色街区中的旅游文化开发——以杭州中山路为例[J].经济论坛,2010(7):132－134.

[14] 张松并.历史城市保护学导论——文化遗产和历史环境保护的一种整体性方法[M].上海:上海科学技术出版社,2001:284－285.

[15] 张丹.简论特色街区的现状和开发策略——以青岛啤酒街为例[J].江苏商论,2012(12):11－13.

[16] 周永博,沈敏,魏向东,梁峰.态度与价值:遗产旅游体验模式探析——以苏州平江历史文化街区为例[J].旅游科学,2012(6):32－41.

[17] 冯正一.南京市主城公共中心体系及湖南路商业中心分析研究[J].城市建设理论研究,2013(23).

[18] 周盼.以乌镇为例浅谈旅游开发模式中历史街区的保护与发展[J].工程建设与设计,2012(7):34－35.

[19] 阮仪三,林林.苏州古城平江历史文化街区整治与保护规划[J].理想空间,2004:91.

## 二、学位论文及其他类

[1] 李茉.城市历史文化街区的保护与再生——以大连地区春满街历史文化街区为例[D].大连:大连理工大学,2009:3－5.

[2] 滕丽霞.传统古文化街区旅游开发的市场分析与策略——以苏州山塘街为例[D].扬州:扬州大学,2007:13－15.

[3] 杨桂荣.历史街区旅游开发模式研究以平江历史街区为例[D].上海:同济大学,2007:3－13.

[4] 陈晓宇.历史文化村镇的现状问题及对策研究[D].天津:天津大学,2007:25－28.

［5］ 李晨.“历史文化街区”相关概念的生成、解读与辨析［J］. 随想杂谈，2011(4):100－103.

［6］ 姚博. 我国都市文化旅游特色街区发展的问题与对策——以上海市甜爱路为例［R］. 上海:上海对外经贸大学会展与旅游学院,2013:6－9.

［7］ 建设部. 历史文化名城保护规划规范［Z］. 2005－10－1.

［8］ 中华人民共和国文物保护法［EB/OL］. http://www. gov. cn/flfg/2007－12/29/content_847433. htm.

［9］ 关于历史古迹修复的雅典宪章(*The Athens Charter for the Restoration of Historic Monuments*,1931)英文版［EB/OL］. http://www. icomos. org/athens_charter. html.

［10］ 雅典宪章英文版(*Charter of Athens*,1933)［EB/OL］. http://mestradoreabilitacao. fa. utl. pt/disciplinas/jaguiar/cartadeatenasurbanismoharvard. pdf.

［11］ 威尼斯宪章英文版(*The Venice Charter*,1964)［EB/OL］. http://www. icomos. org/venice_charter. html.

［12］ 内罗毕建议英文版(即《关于历史地区的保护及其当代作用的建议》,*Recommendation concerning the Safeguarding and Contemporary Role of Historic Areas*,1976)［EB/OL］. http://unesdoc. unesco. org/images/0011/001140/114038e. pdf.

［13］ 华盛顿宪章英文版(*Charter for the Conservation of Historic Towns and Urban Areas*)［EB/OL］. http://www. international. icomos. org/charters/towns_e. htm.

附录一：

# 平江历史文化街区电子简图

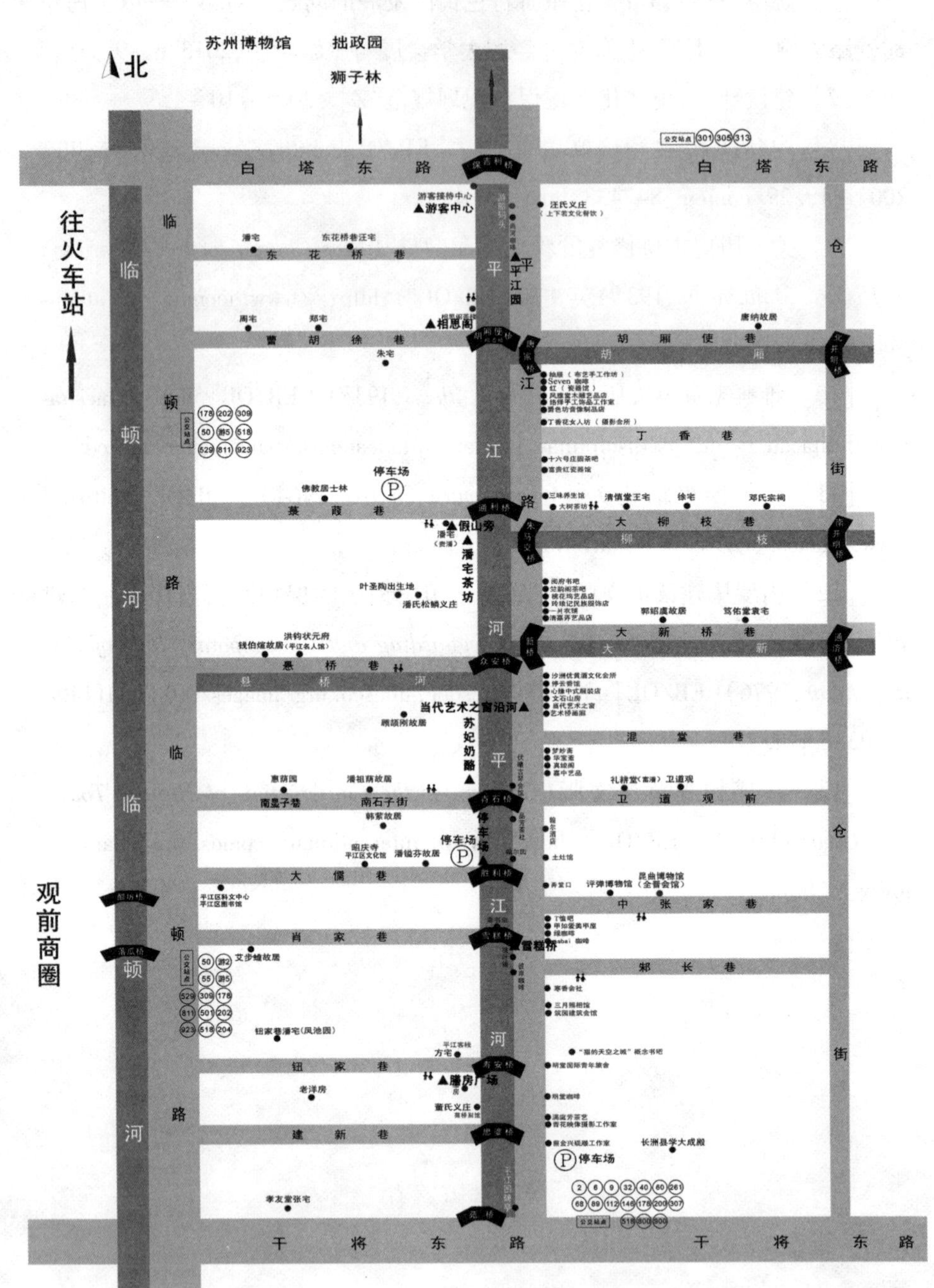

附录二:





## 平江历史文化街区商家一览表

（根据2013年相关调研数据整理而成）

| 序号 | 商家店牌名称 | 地　址 | 经营项目 |
| --- | --- | --- | --- |
| 1 | 蔡金兴砚雕工作室 | 平江路8号 | 传统文化展示 |
| 2 | 青花映像 | 平江路10号 | 影视影像制作等 |
|  | 三行漂流瓶咖啡馆 |  | 咖啡 |
|  | 老地方奶茶铺 |  | 奶茶 |
| 3 | 聚砂阁 | 平江路14、17号 | 文化沙龙等 |
| 4 | 明堂青年旅舍 | 平江路24—30号 | 青年旅舍及酒吧餐饮 |
|  | 天空之城概念书店 | 平江路联萼坊 | 书籍、明信片、手绘地图等 |
| 5 | 平江川客栈 | 钮家巷33号(方宅) | 文化品牌旅馆经营 |
|  | 苑桥别馆 | 钮家巷36号(董氏义庄) | 配套餐饮 |
| 6 | 苏州筑园建筑旅游咨询中心 | 平江路31号 | 建筑旅游信息中心及建筑会所(餐饮、住宿等) |
| 7 | 三月照相馆(原AKIND另类时尚摄影) | 平江路32号 | 摄影等 |
| 8 | 卢福英苏绣制作中心 | 平江路34号 | 刺绣艺术展示及工艺礼品销售 |
| 9 | 苏州好风光旅游产品投资开发有限公司 | 平江路34号 | 旅游产品销售 |
| 10 | 寒香会社 | 平江路36号 | 平江区残疾人创业基地 |
| 11 | 苏州翰尔酒店有限公司 | 平江路5、6、8号地块 | 酒店/茶楼/吴文化工艺展示 |
| 12 | 鱼食饭稻(土灶餐馆) | 平江路68—76号 | 餐饮/酒店 |
| 13 | 品芳茶社 | 平江路94号 | 民间小吃、茶点等 |
| 14 | 疯味派 | 卫道观前1号 | 办公用房 |
| 15 | 礼耕堂文化服务有限公司 | 卫道观前1号 | 会所 |
| 16 | 伏羲古琴文化会馆 | 平江路97号 | 古琴表演、培训等 |
| 17 | 蕴香 | 平江路99号 | 旅游工艺品经营 |
| 18 | 真绫阁 | 平江路100号 | 旅游工艺品经营 |
| 19 | 华宝斋 | 平江路102号 | 旅游工艺品经营 |
| 20 | 梦妙斋 | 平江路103号 | 艺术品等展示、经营 |

续表

| 序号 | 商家店牌名称 | 地　址 | 经营项目 |
|---|---|---|---|
| 21 | 茉莉茶工坊 | 平江路107室 | 茶工坊 |
| 22 | 中美卫视美术馆 | 平江路112、113号 | 中美卫视美术馆、筹建处 |
| 23 | (筹建) | 平江路115号 | 艺术沙龙、特色小吃经营 |
| 24 | 当代艺术之窗(工作室)、闺房服饰 | 平江路116、122号 | 文化沙龙/工艺礼品、闺房服饰等展示、经营 |
| 25 | 山园 | 平江路118号 | 苏绣工艺品 |
| 26 | 停云香馆 | 平江路124、125号 | 香文化会馆 |
| 27 | 沙洲优黄酒文化会所 | 平江路130号 | 私人会所、酒坛彩绘等 |
| 28 | 苏州庆安投资有限公司 | 平江路北段12—19号地块 | 会所/酒店/俱乐部及配套 |
| 29 | 清嘉风物 | 平江路134号 | 工艺品 |
| 30 | 小桥流水人家 | 平江路135号 | 旅馆 |
| 31 | 一爿一铺 | 平江路136号 | 工艺服装 |
| 32 | 梧桐 | 平江路136－1号 | 杂货、服饰、纸品、家居 |
| 33 | 鸿韵 | 平江路137号 | 筷子 |
| 34 | 玲珑记 | 平江路137－1号 | 服饰经营 |
| 35 | 桃花坞 | 平江路137－2号 | 丝绸服饰经营 |
| 36 | 老丛茶业 | 平江路137－3号 | 茶叶、礼品 |
| 37 | 在云端 | 平江路138号 | 餐饮、茶点 |
| 38 | 阅府书吧 | 平江路139号 | 咖啡、茶点 |
| 39 | 太湖美珍珠 | 平江路150号 | 珍珠饰品 |
| 40 | 大树咖啡 | 平江路160号 | 酒、咖啡、茶 |
| 41 | 三味养生馆 | 平江路162号、163号 | 餐馆 |
| 42 | 星空客栈 | 平江路164号 | 旅馆 |
| 43 | 绿竹翁 | 平江路165号 | 竹制工艺品 |
| 44 | 如果声音不记得 | 平江路170号 | 咖啡 |
| 45 | 苏州印象 | 平江路178号 | 瓷器、工艺品、红木 |
| 46 | (未办照) | 平江路180号 | 出版机构 |
| 47 | 猫空 | 平江路184号 | 咖啡饮料 |
| 48 | 浩昌画廊 | 平江路185号 | 经营国内名家作品,风格多元化 |
| 49 | 络绎 | 平江路186、187号 | 经营各类礼品 |

| 序号 | 商家店牌名称 | 地　址 | 经营项目 |
|---|---|---|---|
| 50 | 羿唐丝绸 | 平江路188号 | 丝绸服饰经营 |
| 51 | 风雅堂 | 平江路189号 | 木雕 |
| 52 | 果麦饮料 | 平江路205号 | 饮料 |
| 53 | 鱼木 | 平江路207号 | 手工艺品 |
| 54 | 抽屉(布艺艺术品) | 平江路208号 | 纯手工布艺艺术品/精致小点心 |
| 55 | 烟雨轩 | 平江路211号 | 工艺品 |
| 56 | 博色(工作室) | 平江路216号 | 经营为宾馆配套的特色礼品 |
| 57 | 宏德鑫土特产 | 菉葭巷56号 | 经营土特产 |
| 58 | 相思阁茶艺馆 | 曹胡徐巷90号 | 茶楼 |
| 59 | (筹建) | 平江路222—226号 | 文化沙龙 |
| 60 | (筹建) | 平江路229号 | 休闲咖啡馆 |
| 61 | (筹建) | 平江路236、238号 | 媒体艺术沙龙 |
| 62 | 品茗苑 | 平江路240号 | 民乐器、特色工艺品及茶文化展示 |
| 63 | 无言斋 | 平江路241号 | 民族工艺精品展销 |
| 64 | 谢馥春古典化妆品 | 平江路242－1号 | 谢馥春古典化妆品 |
| 65 | 沁心阁 | 平江路247、248、251号 | 艺术沙龙交流中心 |
| 66 | 章纯源设计工作室 | 平江路224号 | 茶楼等 |
|  | 平江园 | 平江路251—253号 | 茶、咖啡、西餐 |
|  | 尚河咖啡 | 平江路244号 | 咖啡、西点 |
| 67 | 上下若 | 平江路255—257号 | 文化沙龙 |
| 68 | 点点咖啡(NIBBLES) | 白塔东路63号(游客中心西侧) | 苏州特色小吃经营 |
| 69 | 苏州保利艺术品有限公司 | 白塔东路65号 | 工艺品展示 |
| 70 | 苏州市外事旅游车船有限公司 | 祝家园18号 | 手摇船办公室 |
| 71 | 倚石山房 | 菉葭巷52号(停车场一楼西侧) | 石文化经营 |
| 72 | 雅兰轩 | 菉葭巷52号(停车场一楼东侧) | 红木工艺品小摆件经营 |
| 73 | 苏州三宇弘安装工程有限公司 | 菉葭巷52号(停车场三楼) | 医疗设备、耗材展示及销售 |

续表

| 序号 | 商家店牌名称 | 地　址 | 经营项目 |
| --- | --- | --- | --- |
| 74 | 虞水林 | 菉葭巷停车场附房 | 办公、仓储 |
| 75 | 锦光画廊 | 大儒巷52号(停车场一楼、二楼) | 摄影制作、字画销售 |
| 76 | 紫玉堂 | 大儒巷52号(停车场一楼西侧) | 茶文化经营 |
| 77 | 苏州市观前旅游文化发展有限公司(中鼎玉器) | 大儒巷52号(停车场一楼西侧门面房) | 玉器经营 |
| 78 | 苏州华果新传媒有限公司 | 曹胡徐巷87－1号 | 工作室 |

# 平江历史文化街区
# 古　桥

## 1. 思婆桥

| 附　图 | | | |
|---|---|---|---|
|   | | | |
| 一　般　概　况 | | | |
| 桥梁名称 | 思婆桥 | 桥梁位置 | 位于建新巷 |
| 跨越类别或名称 | | 所属街道 | 平江路街道 |
| 结构类型 | 条石 | 桥梁走向 | 东西 |
| 桥梁跨数 | 1 | 跨径组合 | 1×4.5m |
| 桥梁总长(m) | 9.5 | 检测年月 | 2013.10 |
| 桥梁总宽(m) | 栏杆0.3m+行车道1.5m+栏杆0.3m =2.1m | 车行道净宽(m) | 1.5 |
| 人行道净宽(m) | | 其他 | |
| 简介 | 始建年代不详,但在宋《平江图》上这里已有桥,名为寺东桥,因桥西有唐代古刹资寿寺而得名。该桥1985年曾重修。桥面以四条宽50厘米的花岗石梁并列而成,桥栏是高约40厘米不加雕饰的长条花岗石,石栏外侧横刻着楷体大字"重修思婆桥",桥台南侧石柱上刻有"嘉庆乙亥四月"等字。 | | |
| 整体状况评估等级 | 桥面系 | 上部结构 | 下部结构 |
| A | A | A | A |

## 2. 寿安桥(庙塘桥)

<table>
<tr><td colspan="4">附　图</td></tr>
<tr><td colspan="4"> </td></tr>
<tr><td colspan="4">一　般　概　况</td></tr>
<tr><td>桥梁名称</td><td>寿安桥</td><td>桥梁位置</td><td>位于钮家巷</td></tr>
<tr><td>跨越类别或名称</td><td></td><td>所属街道</td><td>平江路街道</td></tr>
<tr><td>结构类型</td><td>条石</td><td>桥梁走向</td><td>东西</td></tr>
<tr><td>桥梁跨数</td><td>1</td><td>跨径组合</td><td>1×4m</td></tr>
<tr><td>桥梁总长(m)</td><td>4.0</td><td>检测年月</td><td>2013.10</td></tr>
<tr><td>桥梁总宽(m)</td><td>栏杆0.3m+行车道2.8m+栏杆0.3m =3.4m</td><td>车行道净宽(m)</td><td>2.8</td></tr>
<tr><td>人行道净宽(m)</td><td></td><td>其他</td><td></td></tr>
<tr><td>简介</td><td colspan="3">在宋《平江图》中称寺后桥,因其位于资寿寺之后。清初称资福桥,同治时改名寿安桥。1960年、1985年重修。桥面由六条石梁并列而成,可贵的是南侧边梁及北侧第二根梁为武康石梁,其余四条花岗石梁年代、产地不同呈不一色彩。东西桥台排柱各由五条武康石组成,镌有“癸亥”“拾两”等捐银题字,可见此桥主体也是宋代建构。</td></tr>
<tr><td>整体状况评估等级</td><td>桥面系</td><td>上部结构</td><td>下部结构</td></tr>
<tr><td>A</td><td>A</td><td>A</td><td>A</td></tr>
</table>

## 3. 雪糕桥

<table>
<tr><td colspan="4">附　图</td></tr>
<tr><td colspan="4"> </td></tr>
<tr><td colspan="4">一　般　概　况</td></tr>
<tr><td>桥梁名称</td><td>雪糕桥</td><td>桥梁位置</td><td>位于肖家巷</td></tr>
<tr><td>跨越类别或名称</td><td></td><td>所属街道</td><td>平江路街道</td></tr>
<tr><td>结构类型</td><td>条石</td><td>桥梁走向</td><td>东西</td></tr>
<tr><td>桥梁跨数</td><td>1</td><td>跨径组合</td><td>1×3.8m</td></tr>
<tr><td>桥梁总长(m)</td><td>10.8</td><td>检测年月</td><td>2013.10</td></tr>
<tr><td>桥梁总宽(m)</td><td>栏杆0.4+行车道2.6m+栏杆0.4m=3.4m</td><td>车行道净宽(m)</td><td>2.6</td></tr>
<tr><td>人行道净宽(m)</td><td></td><td>其他</td><td></td></tr>
<tr><td>简介</td><td colspan="3">宋《平江图》上已有。相传古有张孝子居萧家巷,家贫断粮,无奈抟雪为糕奉亲,一时传为美谈。此桥曾于清乾隆十八年(1753)、光绪三十一年(1905)、1985年先后重修。桥面以五条花岗石梁并列而成,其下长系石上留有搁置托木的凹槽。桥台以四根条石组成排柱,青石与花岗石混杂在一起。桥面上原先建有一座观音堂,这种建筑组合俗称“桥驮庙”。原观音堂早在五十年前拆去,现为恢复这一景点已予重建。</td></tr>
<tr><td>整体状况评估等级</td><td>桥面系</td><td>上部结构</td><td>下部结构</td></tr>
<tr><td>A</td><td>A</td><td>A</td><td>A</td></tr>
</table>

## 4. 胜利桥(积庆桥)

<table>
<tr><td colspan="4">附　图</td></tr>
<tr><td colspan="4"> </td></tr>
<tr><td colspan="4">一　般　概　况</td></tr>
<tr><td>桥梁名称</td><td>胜利桥</td><td>桥梁位置</td><td>位于大儒巷</td></tr>
<tr><td>跨越类别或名称</td><td></td><td>所属街道</td><td>娄门街道</td></tr>
<tr><td>结构类型</td><td>条石</td><td>桥梁走向</td><td>东西</td></tr>
<tr><td>桥梁跨数</td><td>1</td><td>跨径组合</td><td>1×5.0m</td></tr>
<tr><td>桥梁总长(m)</td><td>7.5</td><td>检测年月</td><td>2013.10</td></tr>
<tr><td>桥梁总宽(m)</td><td>栏杆0.3m+行车道5.0m+栏杆0.3m =5.6m</td><td>车行道净宽(m)</td><td>5.0</td></tr>
<tr><td>人行道净宽(m)</td><td></td><td>其他</td><td></td></tr>
<tr><td>简介</td><td colspan="3">位于大儒巷东端,跨平江河。桥名与宋《平江图》一致,俗称吉庆桥。《宋平江城坊考》:范、卢、王三《志》均著录。民国二十九年(1940)《吴县城厢图》仍载为吉庆桥。原系石拱桥,1970年重建为钢筋混凝土板梁水泥平桥,并改名胜利桥,1999年《平江区区域图》载:胜利桥。今恢复“积庆桥”名。</td></tr>
<tr><td>整体状况评估等级</td><td>桥面系</td><td>上部结构</td><td>下部结构</td></tr>
<tr><td>A</td><td>A</td><td>A</td><td>A</td></tr>
</table>

## 5. 青石桥

| 附图 | | | |
|---|---|---|---|
|  | | 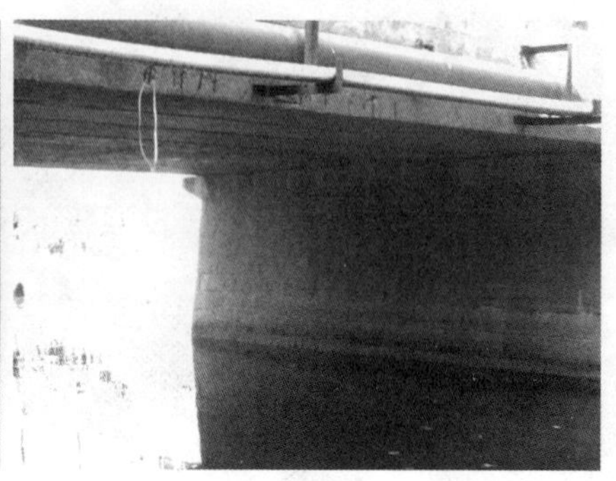 | |
| 一般概况 | | | |
| 桥梁名称 | 青石桥 | 桥梁位置 | 位于南石子街 |
| 跨越类别或名称 | | 所属街道 | 平江路街道 |
| 结构类型 | 拱桥 | 桥梁走向 | 东西 |
| 桥梁跨数 | 1 | 跨径组合 | 1×5.5m |
| 桥梁总长(m) | 11.5 | 检测年月 | 2013.10 |
| 桥梁总宽(m) | 栏杆 0.2m + 行车道 2.2m + 栏杆 0.2m =2.6m | 车行道净宽(m) | 2.2 |
| 人行道净宽(m) | | 其他 | |
| 简介 | 位于南石子街东端,众安桥南。跨平江河。宋《平江图》为苏军桥。清代名众善桥,又名苏锦桥。清嘉庆十九年(1814)重修。因青石桥于民国十年(1921)拆除,条石用于苏军桥,故俗又称苏军桥为青石桥。原为石拱桥,1960 年、1980 年、1991 年三次重修为石平桥。1999 年《平江区区域图》仍载,名苏军桥。2003 年平江路改造工程,重建为石拱桥,桥名复称“青石桥”。 | | |
| 整体状况评估等级 | 桥面系 | 上部结构 | 下部结构 |
| A | A | A | A |

## 6. 新桥(小新桥)

<table>
<tr><td colspan="4">附 图</td></tr>
<tr><td colspan="4"> </td></tr>
<tr><td colspan="4">一 般 概 况</td></tr>
<tr><td>桥梁名称</td><td>小新桥</td><td>桥梁位置</td><td>位于平江路</td></tr>
<tr><td>跨越类别或名称</td><td></td><td>所属街道</td><td>平江路街道</td></tr>
<tr><td>结构类型</td><td>条石</td><td>桥梁走向</td><td>南北</td></tr>
<tr><td>桥梁跨数</td><td>1</td><td>跨径组合</td><td>1×4m</td></tr>
<tr><td>桥梁总长(m)</td><td>4</td><td>检测年月</td><td>2013.10</td></tr>
<tr><td>桥梁总宽(m)</td><td>栏杆0.3m+行车道2.4m+栏杆0.3m =3m</td><td>车行道净宽(m)</td><td>5.8</td></tr>
<tr><td>人行道净宽(m)</td><td></td><td>其他</td><td></td></tr>
<tr><td>简介</td><td colspan="3">宋《平江图》上称北张家桥,清同治《苏州府志》则称新桥。1918年、1984年重修。六条石梁组成桥面,条石叠砌桥台,条石栏板。此桥虽经1960年、1984年重修,但保留老桥石构件不少,固虽名之曰“新”,却依然古意盎然。</td></tr>
<tr><td>整体状况评估等级</td><td>桥面系</td><td>上部结构</td><td>下部结构</td></tr>
<tr><td>A</td><td>A</td><td>A</td><td>A</td></tr>
</table>

## 7. 众安桥(大新桥)

| 附图 | | | |
|---|---|---|---|
|  | |  | |
| 一般概况 | | | |
| 桥梁名称 | 众安桥 | 桥梁位置 | 位于悬桥巷 |
| 跨越类别或名称 | | 所属街道 | 平江路街道 |
| 结构类型 | 梁桥 | 桥梁走向 | 东西 |
| 桥梁跨数 | 1 | 跨径组合 | 1×5.5m |
| 桥梁总长(m) | 8.0 | 检测年月 | 2013.10 |
| 桥梁总宽(m) | 栏杆0.3m+人行道0.6m+行车道4.4m+人行道0.6m+栏杆0.3m =6.2m | 车行道净宽(m) | 4.4 |
| 人行道净宽(m) | 0.6×2=1.2 | 其他 | |
| 简介 | 桥位与桥名均与宋《平江图》一致。《宋平江城坊考》:众安桥,范、卢、王三《志》均著录。案:此即通利桥洞中石刻所称之星桥。原为单孔石拱桥,清代重修,又名大新桥。1983年改为石板平桥拓宽。与小新桥呈掎角之势,形成“双桥”格局,亦即“三步两桥”。 | | |
| 整体状况评估等级 | 桥面系 | 上部结构 | 下部结构 |
| A | A | A | B |

## 8. 朱马交桥

| 附图 | | | |
|---|---|---|---|
|  |  | | |
| 一般概况 | | | |
| 桥梁名称 | 朱马交桥 | 桥梁位置 | 位于平江路 |
| 跨越类别或名称 | | 所属街道 | 平江路街道 |
| 结构类型 | 条石 | 桥梁走向 | 南北 |
| 桥梁跨数 | 1 | 跨径组合 | 1×5m |
| 桥梁总长(m) | 6.2 | 检测年月 | 2013.10 |
| 桥梁总宽(m) | 栏杆0.3m+行车道3.5m+栏杆0.3m=4.1m | 车行道净宽(m) | 3.5 |
| 人行道净宽(m) | | 其他 | |
| 简介 | 朱马交桥旧名朱马茭桥。俗呼朱马高桥,位于大柳枝巷西端,跨第四直河。传说春秋时初建,南宋淳祐十年(1250)重修,清康熙二十三年(1684)再修,更名朱马高桥。1982年、2003年又修。现为花岗石梁桥,桥面以六条石梁并列而成。 | | |
| 整体状况评估等级 | 桥面系 | 上部结构 | 下部结构 |
| A | A | A | A |

## 9. 通利桥

| 附　图 | | | |
|---|---|---|---|
|  | |  | |
| 一　般　概　况 | | | |
| 桥梁名称 | 通利桥 | 桥梁位置 | 位于菉葭巷 |
| 跨越类别或名称 | | 所属街道 | 平江路街道 |
| 结构类型 | 条石 | 桥梁走向 | 东西 |
| 桥梁跨数 | 1 | 跨径组合 | 1×3.5m |
| 桥梁总长(m) | 6.0 | 检测年月 | 2013.10 |
| 桥梁总宽(m) | 栏杆0.3m+车行道2.8m+栏杆0.3m =3.4m | 车行道净宽(m) | 2.8 |
| 人行道净宽(m) | | 其他 | |
| 简介 | 位于菉葭巷东端,跨平江河。《宋平江城坊考》载:范、卢、王三《志》均著录。宋《平江图》著录。清嘉庆十九年(1814)重建。今为条石平桥。 | | |
| 整体状况评估等级 | 桥面系 | 上部结构 | 下部结构 |
| A | A | A | A |

## 10. 唐家桥

<table>
<tr><td colspan="4">附　图</td></tr>
<tr><td colspan="4"> </td></tr>
<tr><td colspan="4">一　般　概　况</td></tr>
<tr><td>桥梁名称</td><td>唐家桥</td><td>桥梁位置</td><td>位于平江路</td></tr>
<tr><td>跨越类别或名称</td><td></td><td>所属街道</td><td>平江路街道</td></tr>
<tr><td>结构类型</td><td>条石</td><td>桥梁走向</td><td>南北</td></tr>
<tr><td>桥梁跨数</td><td>1</td><td>跨径组合</td><td>1×2.8m</td></tr>
<tr><td>桥梁总长(m)</td><td>3.8m</td><td>检测年月</td><td>2013.10</td></tr>
<tr><td>桥梁总宽(m)</td><td>栏杆 0.3m + 车行道 3m +<br>栏杆 0.3m = 3.6m</td><td>车行道净宽(m)</td><td>3.0</td></tr>
<tr><td>人行道净宽(m)</td><td></td><td>其他</td><td></td></tr>
<tr><td>简介</td><td colspan="3">胡相思桥东侧,跨胡厢使河,为条石平桥。宋《平江图》著录。《宋平江城坊考》载:范、卢、王三《志》均著录。清乾隆九年(1744)重建,1984 年 12 月修复。</td></tr>
<tr><td>整体状况评估等级</td><td>桥面系</td><td>上部结构</td><td>下部结构</td></tr>
<tr><td>A</td><td>A</td><td>A</td><td>A</td></tr>
</table>

## 11. 胡厢思桥

<table>
<tr><td colspan="4">附　图</td></tr>
<tr><td colspan="2"></td><td colspan="2"></td></tr>
<tr><td colspan="4">一　般　概　况</td></tr>
<tr><td>桥梁名称</td><td>胡厢思桥</td><td>桥梁位置</td><td>位于曹胡徐巷</td></tr>
<tr><td>跨越类别或名称</td><td></td><td>所属街道</td><td>平江路街道</td></tr>
<tr><td>结构类型</td><td>拱桥</td><td>桥梁走向</td><td>东西</td></tr>
<tr><td>桥梁跨数</td><td>1</td><td>跨径组合</td><td>1×5.5m</td></tr>
<tr><td>桥梁总长(m)</td><td>13.0</td><td>检测年月</td><td>2013.10</td></tr>
<tr><td>桥梁总宽(m)</td><td>栏杆0.4m+行车道2.2m+栏杆0.4m=3m</td><td>车行道净宽(m)</td><td>2.2</td></tr>
<tr><td>人行道净宽(m)</td><td></td><td>其他</td><td></td></tr>
<tr><td>简介</td><td colspan="3">平江历史街区唯一的石拱桥，也是苏州古城内仅存的七座古石拱桥之一。花岗岩石材质，清乾隆九年(1744)重建。桥堍有水埠踏步，条石栏板南北外侧都刻有“重建胡相思桥”，桥孔两旁的明柱上则镌有“元和县正堂加六级张曰谋重建”等字，桥面中心石板上浮雕着轮回纹，桥西堍南侧金刚墙上还有一方“桥神土地”刻石。</td></tr>
<tr><td>整体状况评估等级</td><td>桥面系</td><td>上部结构</td><td>下部结构</td></tr>
<tr><td>A</td><td>A</td><td>A</td><td>A</td></tr>
</table>

## 12. 苑桥

<table>
<tr><td colspan="4">附　图</td></tr>
<tr><td colspan="4"></td></tr>
<tr><td colspan="4">一　般　概　况</td></tr>
<tr><td>桥梁名称</td><td>苑桥</td><td>桥梁位置</td><td>位于干将路</td></tr>
<tr><td>跨越类别或名称</td><td></td><td>所属街道</td><td>平江路街道</td></tr>
<tr><td>结构类型</td><td>条石</td><td>桥梁走向</td><td>东西</td></tr>
<tr><td>桥梁跨数</td><td></td><td>跨径组合</td><td></td></tr>
<tr><td>桥梁总长(m)</td><td></td><td>检测年月</td><td></td></tr>
<tr><td>桥梁总宽(m)</td><td></td><td>车行道净宽(m)</td><td></td></tr>
<tr><td>人行道净宽(m)</td><td></td><td>其他</td><td></td></tr>
<tr><td>简介</td><td colspan="3">《吴郡志》载:“苑桥在报恩光孝寺之西,故传,阖闾有苑囿,在其旁定跨桥下,长洲县前,旧为阖闾故迹。”桥名由吴进贤书写。</td></tr>
<tr><td>整体状况评估等级</td><td>桥面系</td><td>上部结构</td><td>下部结构</td></tr>
<tr><td></td><td></td><td></td><td></td></tr>
</table>

## 13. 保吉利桥

<table>
<tr><td colspan="4">附　图</td></tr>
<tr><td colspan="4">

</td></tr>
<tr><td colspan="4">一　般　概　况</td></tr>
<tr><td>桥梁名称</td><td>保吉利桥</td><td>桥梁位置</td><td>位于白塔东路</td></tr>
<tr><td>跨越类别或名称</td><td></td><td>所属街道</td><td>平江路街道</td></tr>
<tr><td>结构类型</td><td>条桥</td><td>桥梁走向</td><td>东西</td></tr>
<tr><td>桥梁跨数</td><td>1</td><td>跨径组合</td><td></td></tr>
<tr><td>桥梁总长(m)</td><td></td><td>检测年月</td><td></td></tr>
<tr><td>桥梁总宽(m)</td><td></td><td>车行道净宽(m)</td><td></td></tr>
<tr><td>人行道净宽(m)</td><td></td><td>其他</td><td></td></tr>
<tr><td>简介</td><td colspan="3">《平江图》中名打急路桥,清更名。《吴门表隐》载:“保吉利桥石幢上镌佛像,中刻七如来圣号。有座,甚古,中多纤痕,唐时旧物。”原系石拱桥。</td></tr>
<tr><td>整体状况评估等级</td><td>桥面系</td><td>上部结构</td><td>下部结构</td></tr>
<tr><td></td><td></td><td></td><td></td></tr>
</table>

## 14. 通济桥

附　图

一　般　概　况

| 桥梁名称 | 通济桥 | 桥梁位置 | 位于仓街 |
|---|---|---|---|
| 跨越类别或名称 | | 所属街道 | 平江路街道 |
| 结构类型 | | 桥梁走向 | 南北 |
| 桥梁跨数 | 1 | 跨径组合 | |
| 桥梁总长(m) | 13.0 | 检测年月 | |
| 桥梁总宽(m) | | 车行道净宽(m) | |
| 人行道净宽(m) | | 其他 | |
| 简介 | 民国《吴县志》载:“通济桥,俗名新造桥,在奚家桥北。”明万历年间建。清嘉庆十九年(1814)重建,更名仓桥。 | | |
| 整体状况评估等级 | 桥面系 | 上部结构 | 下部结构 |
| | | | |

## 15. 南开明桥

| 附图 | | | |
|---|---|---|---|
|  | | | |
| 一般概况 | | | |
| 桥梁名称 | 南开明桥 | 桥梁位置 | 位于仓街 |
| 跨越类别或名称 | | 所属街道 | 平江路街道 |
| 结构类型 | | 桥梁走向 | 南北 |
| 桥梁跨数 | 1 | 跨径组合 | |
| 桥梁总长(m) | | 检测年月 | |
| 桥梁总宽(m) | | 车行道净宽(m) | |
| 人行道净宽(m) | | 其他 | |
| 简介 | 跨柳枝河。宋《平江图》中名仓桥。清代更名。 | | |
| 整体状况评估等级 | 桥面系 | 上部结构 | 下部结构 |
| | | | |

## 16. 北开明桥

<table>
<tr><td colspan="4">附　图</td></tr>
<tr><td colspan="4"></td></tr>
<tr><td colspan="4">一　般　概　况</td></tr>
<tr><td>桥梁名称</td><td>北开明桥</td><td>桥梁位置</td><td>位于仓街</td></tr>
<tr><td>跨越类别或名称</td><td></td><td>所属街道</td><td>平江路街道</td></tr>
<tr><td>结构类型</td><td></td><td>桥梁走向</td><td>南北</td></tr>
<tr><td>桥梁跨数</td><td>1</td><td>跨径组合</td><td></td></tr>
<tr><td>桥梁总长(m)</td><td></td><td>检测年月</td><td></td></tr>
<tr><td>桥梁总宽(m)</td><td></td><td>车行道净宽(m)</td><td></td></tr>
<tr><td>人行道净宽(m)</td><td></td><td>其他</td><td></td></tr>
<tr><td>简介</td><td colspan="3">宋《平江图》中名东开明桥。《吴门表隐》载,此处有圆通古阁。旁有功德祠。又载,北开明桥南有节孝坊,为张氏立。原有节妇奚氏坊、范氏坊等。</td></tr>
<tr><td>整体状况评估等级</td><td>桥面系</td><td>上部结构</td><td>下部结构</td></tr>
<tr><td></td><td></td><td></td><td></td></tr>
</table>

附录四：

# 平江历史文化街区
# 古牌坊

## 1. 混堂巷1号牌坊

| 名称 | 混堂巷1号牌坊 |
|---|---|
| 地址 | 平江路混堂巷1号 |
| 年代 | 清 |
| 现状 | 一般 |
| 简介 | 该牌坊位于混堂巷口，花岗石材质，纹饰图案为鲤鱼、如意云等。牌坊高3.65米，宽2.20米，现已合筑为民居房屋墙面 |

## 2. 陶高氏节孝坊

| 名称 | 陶高氏节孝坊 |
|---|---|
| 地址 | 胡厢使巷27号门前沿河 |
| 年代 | 清 |
| 现状 | 较差 |
| 简介 | 该构筑物位于胡厢使巷，为花岗石贞节牌坊，北向，宽2.73米，高4.8米，柱宽0.37米。坊顶牌楼形制。 |

### 3. 方氏贞节坊

| 名称 | 方氏贞节坊 |
| --- | --- |
| 地址 | 小柳枝巷5号 |
| 年代 | 清 |
| 现状 | 较差 |
| 简介 | 该构筑物位于小柳枝巷，花岗石材质，宽2.08米，高4.8米，柱宽0.33米。柱联：高堂侍疾身俱瘁，闺阁完贞血欲枯。 |

### 4. 汪氏功德坊

| 名称 | 汪氏功德坊 |
| --- | --- |
| 地址 | 平江路253－1号 |
| 年代 | 清 |
| 现状 | 一般 |
| 简介 | 该坊属于汪氏义庄。义庄始建于清代道光二十二年(1842)，面积近千平方米，其建造者名叫汪景纯。2003年平江路改造时牌坊被发现，该构筑位于汪氏义庄门前河边，仅剩左侧两根花岗石柱，街区改造时经整修，现为木石钢混合结构。 |

# 平江历史文化街区各级文物保护单位

| 总序号 | 名称 | 级别 | 地区 | 时代 | 地点 | 公布日期 | 备注 | 现状 | 性质 |
|---|---|---|---|---|---|---|---|---|---|
| 1 | 耦园 | 国保 | 市区 | 清 | 小新桥巷6号 | 2001－6－25 | 1995－4－19公布为江苏省文物保护单位 | 园林 | 景点 |
| 2 | 全晋会馆 | 国保 | 市区 | 清 | 中张家巷14号 | 2006－5－25 | 国六批。 | 中国昆曲博物馆 | 展览 |
| 3 | 卫道观前潘宅 | 国保 | 市区 | 清 | 卫道观前1—8号 | 2013－5－3 | 又称礼耕堂。国七批。 | 礼耕堂 | 餐饮 |
| 4 | 惠荫园 | 省保 | 市区 | 明、清 | 南显子巷18号 | 2006－6－5 | 即安徽会馆。 | 苏州第一初中内 | 校园 |
| 5 | 潘世恩宅 | 省保 | 市区 | 清 | 钮家巷3号 | 2006－6－5 | 即潘世恩故居留馀堂。曾为太平天国英王行馆。 | 苏州状元文化博物馆 | 展览 |
| 6 | 东花桥巷汪宅 | 市保 | 市区 | 清 | 东花桥巷33号 | 1982－10－22 | 又称中和堂。 | 民居 | 居住 |
| 7 | 卫道观 | 市保 | 市区 | 清重建 | 卫道观前16号 | 1982－10－22 | 元始建。 | 卫道观 | 展览 |
| 8 | 钱宅 | 市保 | 市区 | 明、清 | 悬桥巷23、25号 | 1998－11－24 | 钱伯煊故居。 | 民居 | 居住 |
| 9 | 洪钧故居及庄祠 | 市保 | 市区 | 清 | 悬桥巷27、29号 | 1998－11－24 | 即桂荫堂。 | 状元文化展示厅 | 展览 |
| 10 | 顾颉刚故居 | 市保 | 市区 | 近代 | 顾家花园4、7号 | 1998－11－24 | 包括清代祖居。 | 民居 | 居住 |
| 11 | 长洲县学大成殿 | 市保 | 市区 | 清 | 干将路470号苏州市平江实验学校内 | 1998－11－24 |  | 平江实验学校内 | 校园 |
| 12 | 鹤鸣堂康宅 | 市保 | 市区 | 民国 | 郡长巷1号 | 2004－12－23 |  | 民居 | 居住 |

续表

| 总序号 | 名称 | 级别 | 地区 | 时代 | 地点 | 公布日期 | 备注 | 现状 | 性质 |
|---|---|---|---|---|---|---|---|---|---|
| 13 | 悬桥巷方宅 | 市保 | 市区 | 民国 | 悬桥巷45号 | 2009－7－10 | 即方嘉谟故居。 | 民居 | 居住 |
| 14 | 大柳枝巷杨宅 | 市保 | 市区 | 清 | 大柳枝巷25、26号 | 2009－7－10 |  | 民居 | 居住 |
| 15 | 中张家巷沈宅 | 市保 | 市区 | 清 | 中张家巷3号 | 2014－6－30 | 市七批。 | 评弹博物馆 | 展览 |
| 16 | 汪氏诵芬义庄 | 市保 | 市区 | 清 | 平江路254号 | 2014－6－30 | 市七批。 | 上下若茶馆 | 商业 |
| 17 | 邓氏祠堂 | 市保 | 市区 | 清 | 大柳枝巷18号 | 2014－6－30 | 市七批。 |  |  |
| 18 | 钮家巷方宅 | 市保 | 市区 | 清 | 钮家巷31、32、33号 | 2014－6－30 | 市七批。 | 平江客栈 | 商业 |

## 1. 耦园

附　图

| 一般概况 | | | |
|---|---|---|---|
| 名称 | 耦园 | 时代 | 清 |
| 级别 | 国家文保单位 | 公布时间 | 2001－6－25(国五批) |
| 地址 | 小新巷6号 | | |
| 所属单位 | | 管护单位 | |
| 使用现状 | 古城著名园林景点之一 | | |
| 简介 | 耦园原名涉园,为清顺治年间保宁知府陆锦所筑,取陶渊明《归去来兮辞》中的“园日涉以成趣”之意,黄石假山是耦园的特色。耦园为全国重点文物保护单位,已被联合国教科文组织列入世界文化遗产。此园因在住宅东西两侧各有一园,故名耦园。南北驳岸码头是耦园特色之一,尽显姑苏“人家尽枕河”的特色。 | | |

## 2. 全晋会馆

附　图

| 一　般　概　况 | | | |
|---|---|---|---|
| 名称 | 全晋会馆 | 时代 | 清 |
| 级别 | 国家文保单位 | 公布时间 | 2006－5－25(国六批) |
| 地址 | 中张家巷14号 | | |
| 所属单位 | | 管护单位 | |
| 使用现状 | 中国昆曲博物馆 | | |
| 简介 | 清乾隆三十年(1765)山西钱业商人创建。后毁,为山西丝茶商人重建。占地约6000平方米,沿街门厅三间,门前八字墙,门两侧上方各有一座鼓吹楼,门内戏楼由戏台及东西厢看楼组成。戏台为歇山顶,檐下上额枋雕饰戏文、龙凤、花卉,斗拱木雕贴金,光彩夺目。正面悬木雕花篮、狮子各一对。<br>台顶穹隆形藻井由632个木雕构件榫卯组成旋转放射状纹饰,奇巧华丽而又聚音。与戏楼相对的会馆大殿,1976年毁于火灾。1986年利用原灵鹫寺梁柱构件建单檐歇山式五间殿堂。原中轴线两侧建筑,现尚存东路四进一部分厅堂,以及点缀其间的山石、曲沼、花木。 | | |

### 3. 卫道观前潘宅

附　图

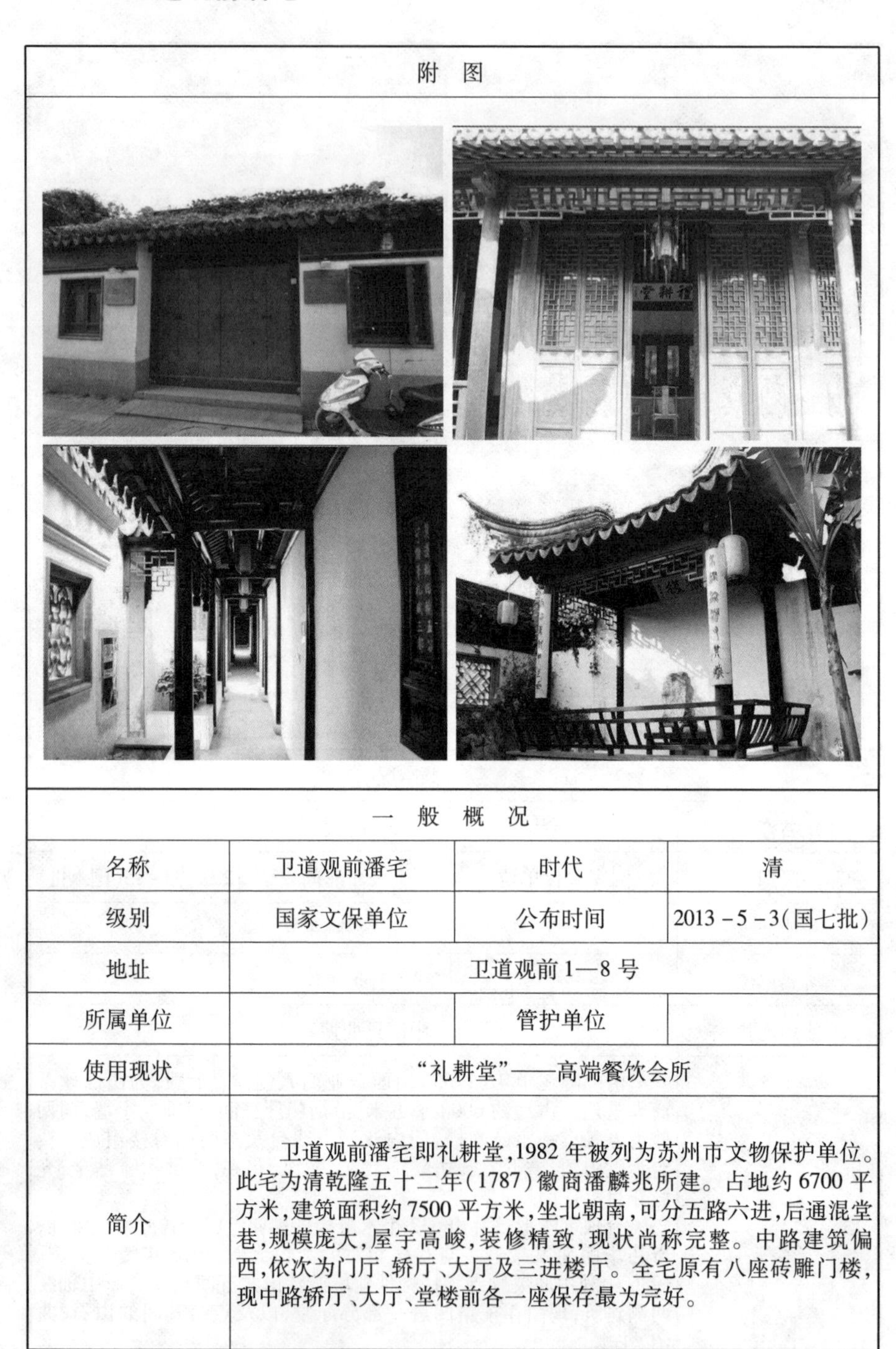

一　般　概　况

| 名称 | 卫道观前潘宅 | 时代 | 清 |
| --- | --- | --- | --- |
| 级别 | 国家文保单位 | 公布时间 | 2013－5－3(国七批) |
| 地址 | 卫道观前1—8号 | | |
| 所属单位 | | 管护单位 | |
| 使用现状 | “礼耕堂”——高端餐饮会所 | | |
| 简介 | 卫道观前潘宅即礼耕堂,1982年被列为苏州市文物保护单位。此宅为清乾隆五十二年(1787)徽商潘麟兆所建。占地约6700平方米,建筑面积约7500平方米,坐北朝南,可分五路六进,后通混堂巷,规模庞大,屋宇高峻,装修精致,现状尚称完好。中路建筑偏西,依次为门厅、轿厅、大厅及三进楼厅。全宅原有八座砖雕门楼,现中路轿厅、大厅、堂楼前各一座保存最为完好。 | | |

## 4. 惠荫园

附　图

| 一　般　概　况 | | | |
|---|---|---|---|
| 名称 | 惠荫园 | 时代 | 明、清 |
| 级别 | 省文保单位 | 公布时间 | 2006－6－5(省六批) |
| 地址 | 南显子巷18号 | | |
| 所属单位 | | 管护单位 | |
| 使用现状 | 保存于苏州市第一初级中学内 | | |
| 简介 | 为明代嘉靖年间归湛初宅园。后属胡汝淳,名“洽隐山房”。园中有“小林屋”水假山,为叠山名家、画家周时臣仿太湖洞庭西山林屋洞设计。<br>清顺治六年(1649),韩馨得此废园,修为栖隐之地,名为“洽隐园”,云壑幽深,竹树沧凉,“小林屋”洞若天开。1707年园毁于火,唯存水假山。1751年修复,蒋蟠漪篆书“小林屋”洞额。韩是升《小林屋记》云:“洞故仿包山林屋,石床、神钲、玉柱金庭,无不毕具。历二百年,苔藓若封,烟云自吐。”园继归皖人倪莲舫,改称“皖山别墅”。同治三年(1864)李鸿章任江苏巡抚时,改建为安徽会馆,并于西侧建程公祠,改园名惠荫。十三年,巡抚张树声又于程公祠西建安徽先贤祠(即昭忠祠),同时重整园池,遂有“惠荫园八景”之称。 | | |

## 5. 潘世恩宅

附 图

| 一 般 概 况 | | | |
|---|---|---|---|
| 名称 | 潘世恩宅 | 时代 | 清 |
| 级别 | 省文保单位 | 公布时间 | 2006－6－5(省六批) |
| 地址 | 钮家巷3号 | | |
| 所属单位 | | 管护单位 | |
| 使用现状 | 苏州状元文化博物馆 | | |
| 简介 | 是一座源起康熙年间的古宅,距今已有300多年的历史。嘉庆十四年(1809),这座宅子被乾隆年间状元、武英殿大学士、军机大臣的“贵潘”宰相潘世恩购得,并以“贵潘”宅第留存至今。潘宅现占地面积2550平方米,房屋建筑面积1500平方米。西落第三进是全宅最精美的建筑纱帽厅,其平面形状尤为特别,在横长方形平面上前凸抱厦一间,其后左右配两厢,构成前凸的平面,状似纱帽,故名“纱帽厅”。纱帽厅在1984年曾经修缮过后被居委会借用,改为书场,旧时的纱帽厅书场在苏州是小有名气的。 | | |

## 6. 东花桥巷汪宅

| 附图 | | | |
|---|---|---|---|
|     | | | |
| 一般概况 | | | |
| 名称 | 东花桥巷汪宅 | 时代 | 清 |
| 级别 | 市文保单位 | 公布时间 | 1982－10－22 |
| 地址 | 东花桥巷33号 | | |
| 所属单位 | | 管护单位 | |
| 使用现状 | 民居 | | |
| 简介 | 汪宅即中和堂。宅主汪朝其高祖至其父汪景淳都出入仕途，其母亲潘氏是乾隆时进士潘世璜的女儿。汪、潘两家都是苏州名门望族。汪宅坐北朝南，共三路六进，西附义庄。现有建筑面积3970平方米。主体建筑居其中一路，依次为门厅、轿厅及三进楼厅。大厅面阔三间，进深七檩，扁作梁架。厅前有康熙十八年(1679)款砖门楼，上枋雕“状元游街”，下枋雕“鲤鱼跳龙门”。东路庭院尚存花厅、山石等。 | | |

## 7. 卫道观

<table>
<tr><td colspan="4">附　图</td></tr>
<tr><td colspan="4"></td></tr>
<tr><td colspan="4">一　般　概　况</td></tr>
<tr><td>名称</td><td>卫道观</td><td>时代</td><td>清重建</td></tr>
<tr><td>级别</td><td>市文保单位</td><td>公布时间</td><td>1982－10－22</td></tr>
<tr><td>地址</td><td colspan="3">卫道观前 16 号</td></tr>
<tr><td>所属单位</td><td>城投公司</td><td>管护单位</td><td>苏州泰恒资产<br>管理有限公司</td></tr>
<tr><td>使用现状</td><td colspan="3"></td></tr>
<tr><td>简介</td><td colspan="3">初名会道观，始建于元初，道士邓道枢所创。经历明、清几度重修。整体坐北朝南，20 世纪 50 年代初占地 1950 平方米，有殿宇 54 间，长期用作工厂仓库、车间。建筑主要为中路及西路，中路依次为山门、灵官殿、玄帝殿、三清殿、后殿（斗姆殿），其中三清殿是全观的主殿。2014 年 5 月，卫道观整体修复工程完成，将打造演出、展览、讲座等多功能交流空间。</td></tr>
</table>

## 8. 钱宅

附 图

一 般 概 况

| 名称 | 钱宅(钱伯煊故居) | 时代 | 明、清 |
| --- | --- | --- | --- |
| 级别 | 市文保单位 | 公布时间 | 1998-11-24 |
| 地址 | 悬桥巷23、25号 | | |
| 所属单位 | | 管护单位 | |
| 使用现状 | 民居 | | |
| 简介 | 钱伯煊(1897—1986),著名中医,苏州人。新中国成立后曾在北京任中医研究院西苑医院妇科主任。第三、四届全国人大代表,第五、六届全国政协委员。<br>故居坐北朝南,两路六进。东路第三进为大厅,面阔三间10.4米,进深8.3米。屋顶举折较平缓,梁架扁作,前后翻轩,山雾云、棹木、荷叶凳等雕刻线条柔美。东西壁画贴砖细墙裙,有圭脚。古镜式木础。具有建筑风格。厅前“世德流芳”门楼,砖雕纹饰古朴。两进后楼朝代较晚,有清末状元陆润庠所题“吴越世家”门楼,西路花园已残,尚存花厅和廊、亭等。 | | |

## 9. 洪钧故居及庄祠

| 附图 | | | |
|---|---|---|---|
|  | | | |
| 一般概况 | | | |
| 名称 | 洪钧故居及庄祠 | 时代 | 清 |
| 级别 | 市文保单位 | 公布时间 | 1998－11－24 |
| 地址 | 悬桥巷27、29号 | | |
| 所属单位 | | 管护单位 | |
| 使用现状 | | | |
| 简介 | 洪钧(1839—1893),苏州吴县人,同治年间戊辰科状元,官至兵部左侍郎。1889至1892年任清廷驻俄、德、奥、荷兰四国大臣。回国后,任总理各国事务衙门大臣。洪状元的桂荫堂是光绪十七年(1891)出使回国后所造,宅占地约0.3公顷。坐北朝南,二路七进,后门临菉葭巷河,河已于1958年填没,原有廊桥,过桥即菉葭巷。西路是主轴线,前有照壁。墙面亦有照壁相对,入内依次为轿厅、花厅,花厅前原有旱船、亭子、假山、桂树,现已无存。新中国成立后,故居先改为食品厂,后成为菜市场,再成为平江区环卫站。2007年,因平江路旅游开发的需要而得以整修,部分建筑改成平江名人馆和中国科举制度展展厅。 | | |

## 10. 顾颉刚故居

附　图

| 一　般　概　况 | | | |
|---|---|---|---|
| 名称 | 顾颉刚故居 | 时代 | 近代 |
| 级别 | 市文保单位 | 公布时间 | 1998－11－24 |
| 地址 | 顾家花园4、7号 | | |
| 所属单位 | | 管护单位 | |
| 使用现状 | 民居 | | |
| 简介 | 顾颉刚(1893—1980),著名史学家,苏州人。<br>故居分为南北两部分。南部为顾氏祖宅,系清代早期建筑,坐北朝南,分两路四进。东路第三进大厅面阔三间8.5米,进深七檩7.5米,圆梁扁作。两侧辟贡式门景,东额“易安”,西额“逢吉”。屋顶平缓,檐口较低,装修古朴简洁。西路第二进花厅三间,圆作梁,回顶,青石础,小方格长窗。北部系近代建筑风格,主建筑为三间带两厢平房,比较宽敞,南有庭院,通风采光均佳,现状完整。 | | |

## 11. 长洲县学大成殿

<table>
<tr><td colspan="4">附 图</td></tr>
<tr><td colspan="4"></td></tr>
<tr><td colspan="4">一 般 概 况</td></tr>
<tr><td>名称</td><td>长洲县学大成殿</td><td>时代</td><td>清</td></tr>
<tr><td>级别</td><td>市文保单位</td><td>公布时间</td><td>1998 - 11 - 24</td></tr>
<tr><td>地址</td><td colspan="3">干将路 470 号苏州市平江实验学校内</td></tr>
<tr><td>所属单位</td><td></td><td>管护单位</td><td></td></tr>
<tr><td>使用现状</td><td colspan="3"></td></tr>
<tr><td>简介</td><td colspan="3">苏州古城里有三座文庙共存。长洲县文庙现存平江实验学校内。<br>长洲县学创立于南宋咸淳元年(1265),即广化寺改建,元明几经修建,即所谓旧学,明嘉靖二十年(1541)迁现址,以福宁成寿寺改建,即所谓新学。清雍正三年(1725)后为长洲元和二县学。现殿是光绪八年(1882)重建。大殿为重檐歇山顶,面阔七间计 32 米,进深六檩计 17 米,高 18 米,面积为 544 平方米,扁作梁架,四周外檐有桁间牌科,前设月台,近年已加以维修。</td></tr>
</table>

## 12. 鹤鸣堂康宅

附　图

一　般　概　况

| | | | |
|---|---|---|---|
| 名称 | 鹤鸣堂康宅 | 时代 | 民国 |
| 级别 | 市文保单位 | 公布时间 | 2004 - 12 - 23 |
| 地址 | 郏长巷 1 号 | | |
| 所属单位 | | 管护单位 | |
| 使用现状 | | | |
| 简介 | 传说是 20 世纪 30 年代黄金荣出资建造的。 | | |

## 13. 悬桥巷方宅

附 图

一 般 概 况

| 名称 | 悬桥巷方宅 | 时代 | 民国 |
| --- | --- | --- | --- |
| 级别 | 市文保单位 | 公布时间 | 2009－7－10 |
| 地址 | 悬桥巷45号 | | |
| 所属单位 | | 管护单位 | |
| 使用现状 | 民居 | | |
| 简介 | 方嘉谟，民国时期苏州著名的西医医生，时任吴县医师会会长，新中国成立后为平江区政协委员。<br>故居坐北朝南，后存第二进为面阔三间的大厅。明式建筑，存木鼓墩，船篷轩、荷叶墩、山雾云，门窗、地坪有改。第三进为面阔三间楼厅，前有船篷轩，天井内花岗石地坪部分保留，门窗已改。天井内砖门楼已毁，屋后五界回顶穿廊。第四进为面阔三间楼厅，楼梯为竹节雕花装饰，前有鹤颈轩，扁作雕花梁，雕刻精细。门窗裙板保存较好，室内方砖地坪保留。 | | |

## 14. 大柳枝巷杨宅

<table>
<tr><td colspan="4" align="center">附　图</td></tr>
<tr><td colspan="4">   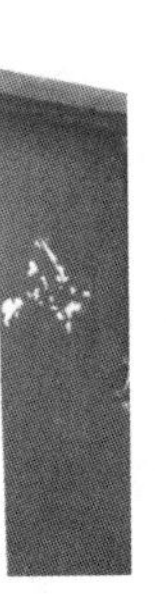</td></tr>
<tr><td colspan="4" align="center">一　般　概　况</td></tr>
<tr><td>名称</td><td>大柳枝巷杨宅</td><td>时代</td><td>清</td></tr>
<tr><td>级别</td><td>市文保单位</td><td>公布时间</td><td>2009－7－10</td></tr>
<tr><td>地址</td><td colspan="3">大柳枝巷25、26号</td></tr>
<tr><td>所属单位</td><td></td><td>管护单位</td><td></td></tr>
<tr><td>使用现状</td><td colspan="3">民居</td></tr>
<tr><td>简介</td><td colspan="3">属第三次全国文物普查新发现，在2009年成为苏州市第六批文物保护单位。<br>东西路末进各有一幢民国建筑，东路的民国建筑，建造时间稍迟于西路。该宅两路多进，保存情况尚可。</td></tr>
</table>

## 15. 中张家巷沈宅

附 图

一 般 概 况

| 名称 | 中张家巷沈宅 | 时代 | 清 |
|---|---|---|---|
| 级别 | 市文保单位 | 公布时间 | 2014－6－30 |
| 地址 | 中张家巷3号 | | |
| 所属单位 | | 管护单位 | |
| 使用现状 | 中国评弹博物馆 | | |
| 简介 | 现存一路三进，有砖雕门楼两座。 | | |

## 16. 汪氏诵芬义庄

<table>
<tr><td colspan="4">附图</td></tr>
<tr><td colspan="4"></td></tr>
<tr><td colspan="4">一般概况</td></tr>
<tr><td>名称</td><td>汪氏诵芬义庄</td><td>时代</td><td>清</td></tr>
<tr><td>级别</td><td>市文保单位</td><td>公布时间</td><td>2014－6－30</td></tr>
<tr><td>地址</td><td colspan="3">平江路254号</td></tr>
<tr><td>所属单位</td><td></td><td>管护单位</td><td></td></tr>
<tr><td>使用现状</td><td colspan="3">民居</td></tr>
<tr><td>简介</td><td colspan="3">道光二十二年(1842)汪景纯建。现存五进。二进享堂有樟木。</td></tr>
</table>

## 17. 邓氏祠堂

| 附图 | | | |
|---|---|---|---|
|    | | | |
| 一 般 概 况 | | | |
| 名称 | 邓氏祠堂 | 时代 | 清 |
| 级别 | 市文保单位 | 公布时间 | 2014 - 6 - 30 |
| 地址 | 大柳枝巷 18 号 | | |
| 所属单位 | | 管护单位 | |
| 使用现状 | | | |
| 简介 | 坐北朝南两路。正路享堂前后轩。东路存花篮楼厅。 | | |

## 18. 钮家巷方宅

附　图

| 一　般　概　况 | | | |
|---|---|---|---|
| 名称 | 钮家巷方宅 | 时代 | 清 |
| 级别 | 市文保单位 | 公布时间 | 2014－6－30 |
| 地址 | 钮家巷31、32、33号 | | |
| 所属单位 | | 管护单位 | |
| 使用现状 | 平江客栈 | | |
| 简介 | 朝南四路。中路二进大厅棹木、山雾云雕刻精细。东路二进原为船厅。 | | |

附录六：

# 平江历史文化街区
# 控保建筑名录

| 序号 | 控保建筑标牌号 | 名称 | 时代 | 地址 | 所属单位 | 使用现状 | 性质 |
|---|---|---|---|---|---|---|---|
| 1 | 控 072 | 天宫寺 | 明、清 | 菉葭巷 10、11 号,天宫寺弄 1、3 号 | 直管公房 | 民居 | |
| 2 | 控 073 | 陈宅 | 明、清 | 菉葭巷 49、50 号 | 直管公房 | | |
| 3 | 控 074 | 潘宅 | 清 | 悬桥巷 55—60 号 | 直管公房 | 平江历史文化展示馆 | |
| 4 | 控 075 | 潘氏松鳞义庄 | 清 | 悬桥巷 46 号 | | | |
| 5 | 控 076 | 丁氏济阳义庄 | 清 | 悬桥巷 41 号 | 直管公房 | 民居 | |
| 6 | 控 077 | 德邻堂吴宅 | 清 | 大儒巷 8 号 | 直管公房 | | |
| 7 | 控 078 | 查宅 | 清 | 悬桥巷 37 号 | 直管公房 | | |
| 8 | 控 079 | 端善堂潘宅 | 清 | 大儒巷 44、45、46、48、49、51、52 号,南石子街 12 - 3 号后门 | 直管公房 | 民居 | |
| 9 | 控 080 | 丁宅 | 清 | 大儒巷 6 号 | 直管公房 | 王小慧艺术馆 | 展览 |
| 10 | 控 081 | 韩崇故居 | 清 | 迎晓里 4、6、8、10 号,迎晓里一弄 4 号 | 直管公房 | | |
| 11 | 控 082 | 昭庆寺 | 清 | 大儒巷 38 号 | 直管公房 | 平江文化中心 | 展示 |
| 12 | 控 083 | 郑宅 | 清 | 曹胡徐巷 3、5 号,东花桥巷 18 号 | 直管公房 | | |
| 13 | 控 084 | 宋宅 | 清 | 曹胡徐巷 76 号 | 直管公房 | | |
| 14 | 控 085 | 怀德堂凌宅 | 清 | 东花桥巷 10 号、姑打鼓巷 4 号 | 直管公房 | | |
| 15 | 控 086 | 杭氏义庄 | 清 | 东花桥巷 41 号 | | | |
| 16 | 控 087 | 潘宅 | 清 | 东花桥巷 11 号 | 直管公房 | | |
| 17 | 控 088 | 朱宅 | 清 | 曹胡徐巷 51 号 | 直管公房 | | |
| 18 | 控 089 | 周宅 | 清 | 曹胡徐巷 17—23 号 | 直管公房 | | |
| 19 | 控 090 | 徐氏春晖义庄 | 清 | 南石子街 10 - 1 号 | 直管公房 | | |

续表

| 序号 | 控保建筑标牌号 | 名称 | 时代 | 地址 | 所属单位 | 使用现状 | 性质 |
| --- | --- | --- | --- | --- | --- | --- | --- |
| 20 | 控 091 | 潘祖荫故居 | 清 | 南石子街 5、6、7、8、10 号,迎晓里 12 号 | 直管公房 | 花间堂 | 酒店 |
| 21 | 控 092 | 韩宅 | 清 | 南显子巷 5、6、7、8 号 | 直管公房 | | |
| 22 | 控 093 | 清慎堂王宅 | 清 | 大柳枝巷 9 号 | 直管公房 | | |
| 23 | 控 095 | 徐宅 | 清 | 大柳枝巷 13 号,丁香巷 28 号后门 | 直管公房 | | |
| 24 | 控 096 | 笃佑堂袁宅 | 清 | 大新桥巷 28 号 | 直管公房 | | |
| 25 | 控 097 | 庞宅 | 清 | 大新桥巷 21 号 | 直管公房 | | |
| 26 | 控 099 | 郭绍虞故居 | 清 | 大新桥巷 12、13、20 号 | 直管公房 | | |
| 27 | 控 100 | 蒋氏义庄 | 清 | 胡厢使巷 34、35 号 | 直管公房 | | |
| 28 | 控 101 | 唐纳故居 | 清 | 胡厢使巷 40 号 | 直管公房 | | |
| 29 | 控 102 | 杨宅 | 清 | 混堂巷 8 号 | | | |
| 30 | 控 103 | 吴宅 | 清 | 中张家巷 6 号,建新里 | 直管公房 | | |
| 31 | 控 105 | 吴学谦旧居 | 清 | 朱马高桥下塘 3 号 | | | |
| 32 | 控 126 | 王宅 | 清 | 钮家巷 5、6 号,新一里 | 直管公房 | | |
| 33 | 控 127 | 孝友堂张宅 | 清 | 干将路 622 号 | 直管公房 | | |
| 34 | 控 128 | 董氏义庄 | 清 | 大郎桥巷 61、63、65 号 | 直管公房 | 茶馆 | 商户 |
| 35 | 控 129 | 王宅 | 明、清 | 肖家巷 53 号 | 直管公房 | | |
| 36 | 控 131 | 真觉庵 | 清 | 钮家巷 27 号,东升里 16、17、18 号 | 直管公房 | | |
| 37 | 控 132 | 元和县城隍庙 | 清 | 肖家巷 48 号 | 直管公房 | | |
| 38 | 控 133 | 艾步蟾故居 | 清 | 肖家巷 15 号 | 直管公房 | | |
| 39 | 控 134 | 陈宅 | 清 | 钮家巷 8 号 | 直管公房 | | |

续表

| 序号 | 控保建筑标牌号 | 名称 | 时代 | 地址 | 所属单位 | 使用现状 | 性质 |
|---|---|---|---|---|---|---|---|
| 40 | 控135 | 田宅 | 清 | 建新巷1、3号 | 直管公房 | | |
| 41 | 控225 | 苏肇冰故居 | 民国 | 顾家花园13号 | | | |
| 42 | 控233 | 吴宅 | 民国 | 建新巷29号 | | | |
| 43 | | 肖家巷桑宅 | 清、民国 | 肖家巷29、31号 | 市四批 | | |
| 44 | | 仓街116号花厅 | 清 | 仓街116号 | 市四批 | | |
| 45 | | 沈惺叔宅 | 清 | 卫道观前27号 | 市四批 | | |